鹿鸣心理

西方心理学大师译丛

弗朗西斯·塔斯廷

〔英〕希拉·斯彭斯利 著

曾早垒　李贵川　魏冬梅 译

FRANCES TUSTIN

重庆大学出版社

致菲利普

许多分析理论不仅与我们关于生物学的信念相容，
还从我们的信念中派生出一些先验概率。

莫内-克尔（*Money-Kyrle*，*1978*）

我深信精神分析实践的科学地位及力量。

比昂（*1962b*）

这是第一本描述关于弗朗西斯·塔斯廷(Frances Tustin)的生活和工作的书，她是一位杰出的临床医生，她对自闭症儿童和精神病儿童的理解为该领域的其他人阐明了自闭症和精神病之间的关系。

希拉·斯彭斯利（Sheila Spensley）确立了塔斯廷在传统和当代精神分析理论中的地位，并解释了其工作与婴儿精神病学和发展心理学工作的关系。她澄清了塔斯廷作品中的关键术语和概念，展示了它们是如何与比昂（Bion）、格罗特斯坦（Grotstein）和奥格登（Ogden）的作品联系在一起的。她还从进化论的角度来评估自闭症，考虑了自闭症作为心理成长发展链中"缺失环节"的可能性。

《弗朗西斯·塔斯廷》这本书让塔斯廷的开创性工作能够被非专业的读者阅读，并展示了其思想与其他领域如学习障碍和成年患者的工作之间的相关性。

希拉·斯彭斯利是威勒斯登社区医院威勒斯登心理治疗中心的临床心理学顾问和精神分析心理治疗师。她认为《弗朗西斯·塔斯廷》是一部杰出的作品：作者巧妙地将关于塔斯廷的生平描述与她对精神分析的理解，以及她在治疗自闭症患者方面的主要临床经验和理论贡献的详细讨论交织在一起。

塔斯廷夫人的想法和临床方法既微妙又复杂（通常看似如此）。在过去的15年里，我对她的作品进行了仔细的研究，受益匪浅，尽管如此，当我从斯彭斯利的书中读到每一章时，我还是觉得自己学到了一些关于塔斯廷思想的新的、重要的东西。希拉·斯彭斯利以清晰和朴实的学识讨论了诸如以下话题：塔斯廷关于自闭症经验的感官主导性、自闭症精神病理学的生物学和人际关系起源、自闭症焦虑的特点、封闭和纠缠的自闭症形式之间的差异、关于自闭症症状和自闭症客体"关联"的本质。在每一个例子中，斯彭斯利都为正在讨论的想法提供了丰富的理论背景评论，以及她在自己的工作中已经运用过的生动的临床案例。

《弗朗西斯·塔斯廷》受到所有心理健康从业者和教师（各种经验水平的）的高度重视，他们正努力尝试让自闭症患者及健康人加深对自闭症的理解。

托马斯·H.奥格登（Thomas H. Ogden），医学博士
旧金山精神病高级研究中心联合主任
北加利福尼亚精神分析研究所训练和督导分析师
《原始体验的边缘》的作者

目　录

致　谢

　　写作本书的建议来自我和弗朗西斯·塔斯廷以及本系列编辑劳伦斯·斯普林之间的对话。我很高兴能接受这个任务，撰写关于精神分析研究领域的文章，这个领域一直是我特别感兴趣的，而且书中所涉及的作者让我在该领域中获益匪浅。个人私交常常会给传记写作类的工作带来困扰，但在这本书中，我和传记主人公之间的共同利益与兴趣反而使这本书更加客观，更能自由地进行评述，并未对内容造成任何干扰。我非常感谢弗朗西斯·塔斯廷的慷慨相助，她尽其所能地为我提供了其记忆中的资料，以及她的一些临床工作的手稿资料。

　　为写这本书而进行的研究也给我带来了意想不到的乐趣，写作该书成为我重联旧友、结交新友的契机。我在塔维斯托克儿童诊所和家庭部门退休负责人雪莉·霍克斯特夫人（Mrs Shirley Hoxter）新森林的家中度过了美好的一天，她抽出时间仔细阅读了第一份打印稿，做出了一些更正，且提供了一些有益的建议。

　　我非常感谢菲奥娜·斯彭斯利·巴顿（Fiona Spensley Barton）

和梅林达·施奈德（Melinda Schneider），他们在这些章节刚完成时就进行了阅读，并提出了建设性的意见。

我还要感谢威勒斯登心理治疗中心的前心理治疗顾问迈克尔·西纳森（Michael Sinason），是他让我第一次接触到计算机技术。令我惊讶的是，他教我学会了使用电脑。科林·斯彭斯利（Colin Spensley）向我介绍了视窗操作系统（Windows）的奇妙之处，我也很感激他的技术帮助和监督，将这本书从无数面临威胁的"黑洞"中拯救了出来。

如果没有与严重精神障碍患者共事的丰富经验，我根本不可能写出这本书。而正是我与精神障碍患者和边缘型人格障碍的成年患者打交道的经历，使我对童年时期的精神障碍产生了兴趣。我一直很感激能有这样一个难得的机会，我曾在英国国家医疗服务体系（NHS）为数不多的住院心理治疗单位之一——申利医院工作过。随着这一部门和莫兹利医院的住院心理治疗部门的逐渐消失，在伦敦，需要住院治疗的严重精神障碍患者无法再获得 NHS 的心理治疗。这种治疗单位的消失也意味着精神病医生和心理学家的重要培训机会的消失，但他们仍然有责任准确评估受精神障碍困扰的患者。

在我看来，三次正式的专业培训——作为一名临床心理学家和一名儿童与成人心理治疗师——并没有教给我多少关于精神病理学的知识，而我在莱斯利·索恩博士（Dr Leslie Sohn）的指导下，在申利医院心理治疗中心的"学徒"生涯中却获益颇多，我对他感激不尽。

我与学习障碍儿童的接触来自一次偶然的机会，当时我在布伦特的一个特殊儿童机构承担了一门临床心理学课程。这本来是一个临时举措，目的是在招募到合适的、有经验的心理学家之前保留这些课程，但这份工作最后持续了近5年。作为一名精神分析心理学家，我自以为在这样的环境中能做的或可以学到的都不多，也对在那里获得的对自闭症行为的所有发现毫无准备。但事实刚好相反，我在那里找到了许多了解自闭症和学习障碍的机会，因此我很感谢圣安德鲁之家的孩子们和工作人员。我很荣幸能够与那里的教师和工作人员分享我的思考，他们每天都在负重前行，承受着巨大的压力。

威勒斯登心理治疗中心学习障碍心理分析方法研讨会就是受此启发而举办的。临床心理学家将精神分析原理应用于这种环境中的管理实践，报告了令人鼓舞的结果，特别是在暴力和破坏性行为方面。我要感谢阿莎·德赛（Asha Desai）、加洛韦（Galloway）、苏·霍珀（Sue Hooper）、露西·巴克斯特（Lucy Baxter）、科菲·克拉丰纳（Koffi Krafona）和研讨会的其他成员分享他们的经验与方法，我在书中引用了其中一些经验和方法。

这本书主要研究人类的内在发展进程和能力发展，以调查人们居住的世界。在这项任务中，比昂提请人们注意知识增长的顺序，他认为关于心理的了解和人类解释感知的方式必须先于他们对物质世界的了解。这就是精神分析中从业者的分析至关重要的原因。在我自己的内部调查中，我对玛格丽特·拉斯廷夫人（Mrs Margaret Rustin）和默里·杰克逊博士（Dr Murray Jackson）感激不尽。

我还要感谢劳伦斯·斯普林和埃德温娜·韦勒姆（Edwina Welham），他们丰富的经历和背景知识帮助我完成了任务，我还要感谢塔维斯托克中心图书馆的玛格丽特·沃克（Margaret Walker），她为本书慷慨地付出了大量时间。

简 介

　　自闭症源自希腊语"autos"，意思是"自我"。布洛伊勒（Bleuler，1911）最早用该词来描述精神分裂症的诊断特征。他用该词来描述自己在精神分裂症患者身上所观察到的、普遍具有的"孤僻"特征，这些患者似乎完全沉浸在自己的内心体验中。后来，这一特征也被坎纳（Kanner，1943）应用到某些儿童身上，他在这些儿童身上也观察到了这个共同的特征，并且发现该特征非常明显。这些儿童因排斥或忽视外界的任何事物，进而表现为一种极端孤独的状态。这种现象被命名为"自闭症"，该词立即与这个特定的诊断群体联系在一起，而不是将其运用于进一步检验观察到的特定退缩行为的性质和发生频率。早熟可能导致自闭症和精神病的分离，现在，当时建立的分离理论仍然得到了有力的支持，我认为，这在很大程度上也导致了关于这两种疾病起源的持续争议和困扰。

　　这本书不是一本传记，而是关于弗朗西斯·塔斯廷对自闭症的精神分析研究所做出的杰出贡献。她在这一领域一直是一个有争议的人物，在儿童精神病学界，凡是从精神分析的角度来看待自闭症，总会有相当多的反对意见，但在我看来这是较为合理的。在某些方面，对自闭症儿童的精神分析治疗甚至可以被认为是不道德的，因为它可能会激发一些不切实际的期望。反对自闭症的精神分析方法的人大多是外行，因为他们基于弗洛伊德的过时理论，对精神分析方法存在一定误解。治疗师也熟知那些容易被误解的问题。他们常常不得不为自己辩护，以防别人将想法强加于自己或者被指控。事实上，他们的工作也常常受到影响。我希望本书有助于澄清一些实质性的内容，不论这些内容之前是否公开发表过。

这些具有重大意义的反对力量往往存在着强大的阻力，阻止了对自闭症退缩现象的进一步思考，我们通常将这种现象归属于生物学领域。什么是生物学？这个问题似乎可以理解为：除心理以外的其他要素。心理的进化是一种离散的发展过程，不在生物和进化发展的连续性之内。我认为这是对思考原始世界存在的困难进行的一定衡量，也是对感觉和思维之间形成界面的概念化，二者促使心理得以形成。

比昂和塔斯廷在表达关于人类思维起源的观点时，都以截然不同的方式强调了心理发展过程中经验组成部分所具有的原始、感官主导和前语言的性质。他们都认为，对原始有机体焦虑的管理和涵容对心理发展过程至关重要。他们都认为，婴儿的涵容经验在很大程度上取决于是否有可接受的母体。这并不意味着母亲对孩子的心理发展负有责任，但毋庸置疑的是，母亲在共同抚育孩子成长的过程中发挥着重要作用。

在这本书中，我对评估自闭症和精神病之间最初观察到的微妙联系很感兴趣，评估是为了更多地阐明精神病，而不是自闭症。例如，可以通过检测迄今为止尚未意识到的自闭症患者对恐惧的防御水平，来进一步加深对边缘型精神病患者的理解。也有明显的迹象表明，自闭症患者对解体和失去存在的恐惧，突显了痴迷中对具体现实的绝望。例如，当自闭症儿童把他人当作不存在时，是否有可能觉得自己也不存在？

自闭症看似很难理解，但在心理学家和所有学者的眼中却充满趣味和智力挑战。好奇心和不断理解及寻找世界的意义的动机，自古以来就是人类的特质，而知识和想象力的发展使人类与所有其他动物不同。与此同时，这种主要来自感官的独特成就深深植根于生物构成。人类有两种感官，视觉和听觉，主导着我们的视野。眼睛可以了解外部世界的知识，而听觉则可以了解人和生物的活动性。虽然其他感官也在发挥作用，但视觉作为获取世界信息的手段，而听觉作为获取世界上他人信息的主要手段，都有着十分重要的意义，且与自闭症的困惑性紧密相关。

把看见的东西和听到的东西结合在一起的创新性和重要性是毋庸置疑的，人类第一次把看见的事物和听到的事物结合在一起，通常出现在婴儿时期对细心的母亲的咿咿呀呀声中。自闭症儿童的一个显著特征就是想要游离于声音之外，因此父母最初常常会以为孩子耳聋。在自闭症和精神障碍患者中，治疗的一个主要障碍是难以让患者倾听治疗者的意见。在自闭症患者中，退缩是公开和不妥协的。在精神障碍患者中，一种更微妙的脱节形式发生在患者听到但没有注意到的地方。一名患者开始意识到这一点，她非常形象地说出了这一点，她说："我听到了你的声音，但它没有进入我的耳朵。"

　　这本书有两个目的：第一，介绍塔斯廷的临床工作和主要思想；第二，尝试将她的贡献置于精神分析思维和理论的传统中。为了正确看待自闭症，似乎还应包括对儿童障碍的病因学的历史介绍。

　　本书的前两章是传记性的，这部分材料主要来自弗朗西斯·塔斯廷本人的回忆。我们第一次见面，是在多年前出于工作的需要，我去看望她并做督导。我们在思想上有很多共同之处，之后，我们继续不时地见面和讨论想法，并建立了亲密而持久的友谊。她非常慷慨地将原始信件、临床记录、手稿和照片委托给我，所有这些都生动地记录了她的生活和职业生涯。她的朋友和同事也以各种方式做出了贡献，以澄清和确认事实或填补记忆的空白。她对本书和该系列丛书都饱含兴趣。

　　第三章介绍了塔斯廷于 1972 年出版的第一本书，书中她阐述了自己对自闭症的主要观点。这些观点是她在美国和英国时，基于自闭症研究的工作背景形成的。马勒（Mahler）对塔斯廷的影响很深远，但也使她陷入了概念上的困惑，她后来试图摆脱这些困惑。她对梅尔泽（Meltzer）和比克（Bick）的感激之情则隐含在她对"黏附性认同会产生""感官"世界的认同上，她认为这是自闭症的特征。她对上述两人明确地表达了感激之情，感谢他们在督导自己早期工作方面所给予的帮助。她曾是梅尔泽自闭症工作室的一名成员，1975 年，该工作室出版了另一本关于自闭症的有影响力的书。

　　第四章介绍了随着时代的发展，人们是如何逐渐发现和承认自闭症的历史。

　　第五章描述并举例说明了塔斯廷对自闭症的两大分类，她给这两大分类起了"封闭"和"错乱"的名字。前者与坎纳提出的综合征不谋而合，而后者则可能被更多人归类为精神分裂症，而不是自闭症。这两种原始心理状态的分化对学习障碍儿童的理解和管理特别有帮助，这将在第十一章中详细讨论。

第六章论述了最原始的存在恐惧，塔斯廷将这种恐惧归因于与母亲过早的身体分离。她通过运用边缘型人格障碍患者和精神病患者语言中常见的形象，将这种终极创伤描述为一种"黑洞经历"，这些患者可能有更具体的经历，甚至可能会陷入其中。塔斯廷和格罗特斯坦都把虚无和无意义的创伤看作最可怕的人类体验，因此，通过创造另一个替代的世界，精神病是对自闭抑郁症"黑洞"的终极绝望防御。

在第七章，塔斯廷强调了以身体为中心的经验模式对心理发展的意义。她认为，自闭症是身体式涵容的缺失导致创伤的结果。由于身体式涵容是心理发展的必要前提，因此这种缺失就对心理成长产生了阻碍。这一章还概述了奥格登对这些观点的扩展，他将自闭-毗连位置概念化为最原始的心理组织形式，认为自闭-毗连位置从人出生起就开始发挥作用，且早于偏执-分裂位置的出现。

第八章讨论了塔斯廷的另一个重要贡献——自闭症客体。自闭症客体有两种类型，具有不同的功能。它们可以是硬的物体，给人以坚硬的感觉，可以紧紧抓住，它们也可以是柔软的身体或其他事物。这些客体模糊了分离界限并区别于过渡性客体，属于整体客体体验的更综合的层次。

第九章讲述了塔斯廷对彼得的治疗情况。用原始笔记中的材料扩充了以前发表的摘录。其中包括一些关于彼得受教育生涯的最有趣的后续信息，以及对彼得成年后的观察。

　　第十章和第十一章讨论了最重要的领域之一，即学习障碍，该领域将从应用塔斯廷的思想和方法中受益。塔斯廷关注的是可能发生在原始不成熟、前思维水平上的人格障碍，这与学习障碍高度相关，长期以来与早期发育不良有关。情绪控制对心理成长的重要性也引发了对成年人学习困难所涉及因素的新认识。如果自闭症患者无法参与精神生活，学习潜力就会受到严重损害，并导致难以解决的不满和失败的问题。这种慢性、严重的自闭症状态，由于缺乏精神病症状，常常被诊断为"轻度学习困难"。第十章的案例说明：从某个方面来看，该现象可以被认为是轻微的困难，而从另一个方面来看，该现象却是严重的分离症状。

　　塔斯廷对两组自闭症行为（该行为在学习障碍者中很常见）的描述，对寻找理解怪异、无意义或不稳定行为的方法有直接的帮助，特别是在机构中。当孤僻、情感"冻结"的状态或混乱、易变的纠缠状态得到认可和理解时，家庭关系和日常生活就会发生变化。互相体谅增强了照料者的情绪控制力，而且，如果在居家单元中进行心理动态的信息管理，好处就会逐渐体现出来。

　　第十二章简要介绍了神话，这是尝试构建人类经验的最早证据。这些对生活理解的图像描述，类似于梦境的可视化，代表了想象力的出现，并标志着思想发展的伟大时刻的成就。由于发现这种能力在自闭症中明显缺失，这种情况在进化发展的背景下变得有趣起来。由于缺乏"内眼"，自闭症儿童严重依赖"外眼"并混淆了其功能，就像强迫症患者一样，害怕人们可能会通过眼睛进入或被进入。实验证明，由于自闭症患者缺乏内在想象力，这可能构成了精神病和强迫症所捍卫的"黑洞"。

第 **1** 章

在教会环境中成长

　　弗朗西斯·黛西·维克斯（弗朗西斯·塔斯廷出生时的名字）于1913年10月15日出生于英格兰北部的达林顿，一生经历过两次世界大战。她是独生女，父母都是虔诚的宗教信徒，毕生都奉献给了英格兰教会。她的母亲曾在伦敦著名的切尔西学院接受过修道院女执事的训练，在外面，人们总是尊称她为"米妮修女"。小弗朗西斯印象最深刻的是她母亲穿的那件淡紫色长裙和斗篷大衣，这是她在修道院接受训练的标志。这种颜色一直是母亲的最爱。

　　正是在从事修道院女执事的宗教工作中，米妮修女遇到了未来的结婚对象，一位优秀的年轻人。他曾在教会军中接受过经文领读训练，是一位令人印象深刻的传教士。两人都对宗教生活有着浓厚的兴趣，但对宗教意义的理解有着严重分歧。他们对人际关系有不同理解，而且这两个聪明人处理疑惑和问题的方法也大相径庭。女方是温和顺从的祈祷者，男方则是不循规蹈矩的激进人士。

　　乔治·维克斯比女方小14岁，这更有可能增加了双方之间相互理解的难度。他们的第一个也是唯一的孩子在第一次世界大战爆发前出生。弗朗西斯·黛西·维克斯的名字分别取自姑姑和姨妈：弗朗西斯取自姑姑的名字，黛西则取自姨妈的名字。对乔治来说，在他必须离家去军队做牧师之前，几乎没有时间去适应父亲的角色。乔治去法国时，弗朗西斯才 1 岁。之后，他在法国被俘，弗朗西斯直到 5 岁时才再次见到他。

在生命的头 5 年里，弗朗西斯和母亲相依为命，成长的环境充满了教会教义的熏陶。她是一个乖巧的小女孩儿，是母亲艾米丽·夏普科特（Emily Shapcote）理想中上帝之子的化身。

主啊，让我永远做一个顺从、温和的

小孩子，

用各种方法教导我

如何做、如何说。

弗朗西斯接受了母亲的信仰，是一个温顺的孩子，满足了周围人对她的所有期待，母亲希望母女二人都能成为照亮这个"黑暗与罪恶"的世界的明亮烛光，但她仍然能够感受到隐藏在母亲期待下的不安和恐惧。然而，作为英国少年禁酒会的热心成员，弗朗西斯一直坚信，自己就是"耶和华的一束阳光"。

母亲对孩子的爱，和对教会的忠诚一样强烈。所以，毫不奇怪，这个小女孩很早就养成了强烈的责任感和存在感，甚至她还认为母亲对自己有强烈的依赖感，因此自己虽然是女儿，却要承担起父母的职责。弗朗西斯记忆中最令人感慨的一次是当她才 4 岁时，就觉得自己可以在黑暗中引导妈妈，因为她个子小，离台阶更近，看得更清楚。在她成长的过程中，很多时候，她都更像一个"小姐姐"，而妈妈更像是一个焦虑的大姐姐，而不是妈妈。

乔治·维克斯要想在这个家庭中重新获得一席之地，无论是作为父亲还是作为丈夫，都不是一件容易的事，因为在这个家庭中，母女俩已经变得如此亲密无间，而且妻子觉得自己与教会的关系就像与丈夫的关系一样密切。除此以外，他在被俘期间，信仰和人生观都发生了变化。他回来时，已经不再相信妻子所坚守的信仰，因为教会对战争的态度令他深感失望。他成了一个和平主义者和社会主义者，离开军队后，他带着一家人来到了谢菲尔德，弗朗西斯在那里开始了校园生活，而父亲则到大学学习，开启了教师生涯。

在接下来的 10 年里，弗朗西斯陷入了父母之间绝望的、有时是激烈的冲突之中。在 5 岁前，她和母亲相依为命，生活在一种对教会绝对忠诚和服从的氛围中。现在，她从母亲那里接受的教诲却遭到了父亲的强烈批评。这位虔诚的女执事开始担心自己的丈夫已经被魔鬼腐蚀了。当代的作家和思想家，如萧伯纳和弗洛伊德，以及令她丈夫着迷的进步教育家 A.S. 尼尔，都被米妮修女认为是邪恶的、恶毒的。

19 世纪无政府主义的残余，在战后继续引起左翼思想家的兴趣，并成为尼尔的教育思想的基础，这些思想对乔治·维克斯也有莫大的吸引力。像同时代的许多年轻人一样，他也因战时经历而陷入困惑和个人冲突中。他在战场上要突然面对凶猛竞争的原始生活状态，这对他所接受的传统宗教信仰和训练提出了挑战。他与保守的妻子就信仰和真理发生了激烈的冲突，这反映了他内心为了调和思想和信仰的斗争。这是一场允许思考的斗争，而被夹在其中的聪明女儿也不能幸免。

现在回想起母亲，弗朗西斯不禁感到一丝伤感和悔恨，因为当初她没能体会到母亲的态度和信仰中的积极因素。当时的她，从个人情感需要出发，想要逃离母亲的影响，这使她与父亲的批评结成同盟，她开始鄙视母亲的思维简单幼稚。她在学校里所接受的教育和对父亲的仰慕，使她越发不赞成母亲的观点。相反，她开始认为母亲的想法都是愚蠢和势利的，并和父亲一样，认为母亲是狭隘和迷信的。抛开恋父情结不谈，父亲之所以有吸引力，是因为他比较有趣，还有很强的幽默感。只不过，有时他的幽默感是以牺牲母亲的感受为代价的。

按照既定计划，完成培训后，她的父亲对乡村学校的工作感兴趣，很快就成为一所乡村学校的校长，弗朗西斯成了他的学生之一。这使弗朗西斯在父亲的世界里获得了相当特殊的地位，就如同早年和母亲一起在"英国少年禁酒会"里享有的特殊地位一样。作为校长的女儿，她享受着新天地带来的地位，和父亲一样，弗朗西斯也喜欢住在乡下。父女俩对这次环境的改变非常满意，但母亲则不然。她更喜欢城里的文化氛围，认为城里比乡下更优越，而且母亲很胆小，觉得在乡下不舒服，她害怕牛、狗和黑暗。

对父亲的不拘小节，母亲难以认同，也不赞成父亲的社会主义观点。父母之间的分歧具体到服饰穿着上，母亲不喜欢父亲戴布帽，而父亲则鄙视母亲对白色晚礼服手套的偏爱。母亲喜欢戏剧，而父亲喜欢大自然。在北方，母亲觉得有必要保留自己伦敦式的精致，并按照自己的教养标准来教育女儿。而父亲是林肯郡人，出身农家，是一位平民，尽管如此，他同样为自己的祖先感到骄傲。他经常给女儿讲述过去杰出的宗教领袖的故事，以及他们与自己家人的关系，这些故事给弗朗西斯留下了深刻的印象。父亲的家族曾与贵格会运动有关联，监狱制度改革家伊丽莎白·弗莱（Elizabeth Fry）说起来也算是他的祖先。他的祖先还包括约翰·卫斯理（John Wesley）的追随者莎拉·克里斯普（Sarah Crisp），父亲特别强调，这是第一位女传教士。在那时，年轻的弗朗西斯并没有意识到，女性可以成就一番伟大的事业，当时她一心想成为一名自然学家。

弗朗西斯记得她曾参观过萨福克郡的夏山学校，这是一所由A.S. 尼尔于1921年创办的进步学校。她和父亲在那里住了一个星期，她认为，如果不是母亲强烈反对尼尔及其同事，父亲很可能会在学校任职。据说尼尔被威廉·赖希精神分析过，但她母亲认为这种行为是罪恶的。

虽然弗朗西斯能回忆起当时的大多数事件，以及生活中的点滴真情，可对一个小女孩儿而言，这样的生活似乎太孤单了。而且，她总觉得自己备受关注。她曾经是母亲生活和事业的中心，是"英国少年禁酒会"同伴中的一盏明灯；作为校长的女儿，她又一次享受到了舞台中心的聚光灯。虽然弗兰西斯是个严肃的孩子，但也无法抗拒这种受人欢迎的感觉。她开朗、聪明又善良，肯定会招人喜爱，这样的经历会帮助她弥补童年经历中的许多缺失。弗朗西斯的这种交友能力将会伴随她一生。

她的生活很不平静，不仅因为父母之间的争吵，还因为父亲工作变化，他们多次搬家。她记得在战争结束时，在她上学前和全家回到谢菲尔德之前，她曾在苏格兰短暂地生活过一段时间。从谢菲尔德离开后，她们随父亲搬到了林肯郡的不同学校。弗朗西斯在生活中总是不断地与朋友分离，但回想起这些经历，她认为所有这些背井离乡的经历都培养了她的适应力。

弗朗西斯 12 岁时获得了斯利福德中学的奖学金，由于家离车站太远，她只好寄宿。她一直很喜欢学校，因为寄宿学校里相对宁静的知识氛围于她而言是一种解脱，可以远离家庭的纷争。后来，约翰·鲍尔比（John Bowlby）在塔维斯托克诊所就儿童心理治疗培训课程对她进行面试时，了解到她对寄宿生活的喜爱，感到非常惊讶。

在斯利福德就读一年后，由于父亲又换到了另一所乡村学校任职，弗朗西斯只好被迫转学，但这次就读的学校离家很近，因此她可以走读。她转学去了格兰瑟姆中学，英国前首相撒切尔夫人也是这所学校的知名校友。在这所学校里，当时13岁的弗朗西斯成绩优异到可以获得奖学金。当时她的求学目标是牛津大学，但是母亲做了一个重要决定，母女二人必须离开她的父亲。因为如果弗朗西斯还待在格兰瑟姆中学学习的话，那么她很可能在大学选择她最喜欢的生物学专业。

弗朗西斯和母亲拖着巨大的黑色行李箱在乡间小路边等待公交车，准备开启新生活，这一幕的确令人感动。也许彼时的母亲认为自己正在保护女儿，让她免受父亲那不拘一格的无政府主义思想和"邪恶"观点的影响；也许母亲还认为自己把女儿带回了城市的文明影响中。无人知晓什么是压垮这段婚姻的最后一根稻草。但对弗朗西斯而言，这次别离是一次巨大的冲击。她与自己所珍视的一切被生生切断：她和父亲待在一起时所钟爱的乡村生活，她就读的学校，以及在这里能获得的未来希望，最重要的是，虽然父亲有缺点，但弗朗西斯仍然非常崇敬他和喜爱他。有那么一刻，她甚至绝望地想自己是不是可以找个地方躲起来，这样就不必面对这场毫无仪式感的分离了。她与父亲之间突然出现了一道裂痕，这让弗朗西斯难以承受，但为了能让日子继续下去，她选择了平静地站在母亲一边；在这段日子里，否定成了她的人生主旋律。在别人和她自己眼中，她都是一个自信、开朗、沉稳的人，只不过，这段重要的经历被隐藏和尘封了起来，直到多年后，心理学家比昂与弗朗西斯做心理分析时，这段经历才被重新提起。

不管母亲是如何打算的，结果母女二人还是在英国颠沛流离了一整年，借住在朋友或亲戚家里，直到母亲最终回到谢菲尔德，在一家又小又破的教堂里谋到差事。在这里，她们穷得犹如乡下教堂里的老鼠。在这样的"家"里，没有任何知识氛围，取而代之的是令人窒息的、狭隘的、教条式的、近乎迷信的基督教教义。但后来她们回到了城里，弗朗西斯又能回到校园了。她的奖学金也转回来了，这使她可以在谢菲尔德的一所师范学校里继续学习。最后，弗朗西斯通过了大学入学考试，但为了节约时间和金钱，她最终决定继续在师范学校里学习，而不是选择去其他大学。

经济上的拮据当然是首要考虑因素，但弗朗西斯的母亲选择伦敦的教会学院，也许是考虑到教堂在怀特兰学院的巨大影响力。母亲很放心地将女儿安排在怀特兰学院的环境中，而不是让她接触大学里更开明的氛围，就是为了避免女儿受到父亲那一类思想的影响。尽管如此，我认为聪慧的弗朗西斯一定看到了，师范学校的培训能让她尽快在职业和经济上独立自主，早日摆脱母亲的影响。

第 **2** 章

职业发展

　　1932 年，弗朗西斯·维克斯进入怀特兰学院学习，这段学习经历对她的人生有着决定性的影响。该学院是英国最早培养女教师的学校之一，有着辉煌的历史。它的创立得到了查尔斯·狄更斯（Charles Dickens）和约翰·罗斯金（John Ruskin）的支持。约翰·罗斯金对该学院产生了浓厚的兴趣，并向学院赠送了数百本书籍和绘画本。当弗朗西斯到达时，学院刚从切尔西搬到普特尼。在从学院的切尔西总部带到怀特兰的艺术珍品中，有爱德华·伯恩 - 琼斯（Edward Burne-Jones）设计的 13 扇彩色玻璃窗。学院环境优美，尤其是礼拜堂和里面的窗户，给这位乡下姑娘留下了深刻的印象。弗朗西斯的童年生活很艰辛，但在这个关键时期，学院的宁静氛围为她提供了一个安全的避风港，直到现在她仍然认为留在那里学习对她来说是一次治愈的经历。

　　当时的学院不免卷入学术争论中，学院对所有与教育相关的当代思想有着强烈的追求，但这些争论是本着慷慨和包容的精神来进行的，这对弗朗西斯而言是一种启示。因为她长期以来一直夹在父亲无情的辩证思想和母亲僵化的信仰之间，而学院里平静、温和的气氛，以及基督教教义的开放和包容，让人感到愉悦宽慰，因此她觉得自己在那里很自在。一想到学院的晚祷和晚祷的办公室，以及晚祷时的那句"我将在你永恒的变化中安息……"，弗朗西斯就会感到很亲切。

有许多新事物总是可以激起人们的好奇心。学院也不例外，20世纪初开始席卷教育界的新心理学在学院内引发了学者们的浓厚兴趣。特别是荷马·莱恩(Homer Lane)，这位具有开创性和争议性的教育家，其思想在大学课程中占有一席之地。莱恩是第一个将心理学原理引入教育和改造少年犯的人之一，他的实验教养院被称为"小联邦"。

隐居在多塞特郡山区的莱恩试图证明，某个政权的成功是基于再教育而不是约束和惩罚。这个政权正是建立在爱、自由和自治三项原则基础上的，他认为这些原则是普遍适用的。对于那些对心理学的新思想感兴趣的人来说，莱恩是一位鼓舞人心的老师和治疗师，但对于传统保守的人来说，他无疑是一种威胁，他的态度和思想令人深感怀疑。

1924年，莱恩被自己的一名学生指控性行为不端，并被送上法庭受审。这是精神病混乱状态的早期表现，如今这种混乱很快就会被贴上"性虐待"的标签。这种精神病的知觉歪曲特征将在下文讨论（见第5章和第10章）。在审判中，弗朗西斯特别钦佩的怀特兰学院的院长温妮弗雷德·梅西尔（Winifred Mercier）是莱恩的辩护人之一。

弗朗西斯是一个很有前途的学生，和她的父亲一样，她在教学方面也表现出了天赋。当时生物学仍然是大学里最受欢迎的科目，但她在教师培训结束后选择去教7—9岁的潜伏期儿童。大学毕业后，她回到谢菲尔德工作，为的是方便照顾当时身体每况愈下的母亲。

和自己父亲一样，与母亲的意愿相反，弗朗西斯也成了一名社会主义者。正是在谢菲尔德工党，她遇到了自己的第一任丈夫约翰·泰勒（John Taylor），并于 1938 年第二次世界大战爆发前夕结婚。

约翰是市政厅的一名官员，凭借弗朗西斯的教师薪水，他们在谢菲尔德郊区安了家，那里风景宜人、绿树成荫。然而，她在新家的婚姻生活注定不会持续很长时间。他们在那里只待了 1 年，第二次世界大战就爆发了，约翰·泰勒被征召入伍。在接下来的 5 年中，他们绝大部分时间都是分开的，这一点惊人地重复了她和父亲早年的经历模式。

米妮修女于 1942 年去世，母亲去世后，弗朗西斯过着自由自在的生活。约翰·泰勒出国后，弗朗西斯就离开谢菲尔德回到了南方，在肯特郡一所不错的寄宿学校任职，在那里她可以晚上前往伦敦参加由伦敦大学的苏珊·艾萨克斯（Susan Isaacs）开设的儿童发展课程。也正是在那个时期，她成为由理查德·阿克兰爵士（Sir Richard Ackland）领导的共同财富团体的一员，战争时期政治联盟填补了知识空白。在这个团体中她认识了阿诺德·塔斯廷（Arnold Tustin），也就是她的第二任丈夫。

随着 1945 年第二次世界大战的结束，各地的应征士兵都在试图修复被战争搞得一团糟的家庭和婚姻生活。当约翰和弗朗西斯再次回归家庭的时候，他们发现自己和许多其他家庭一样，由于夫妻分隔太久而彼此生疏了。此外，在伦敦的职业和知识发展对弗朗西斯来说太重要了，她不能放弃而回到谢菲尔德。

这对夫妻最终决定分居，这段婚姻后来以离婚告终。对弗朗西斯来说，这是一段不愉快的时光，但恰好这个时候怀特兰学院对她的影响又一次在她的生活中出现。1946 年，尽管那时她已经是一个不可知论者，但她还是回到了那里，成为一名讲师。

两年后她嫁给了阿诺德·塔斯廷，不久之后，当阿诺德被任命为伯明翰大学的电气工程系主任时，她离开了怀特兰学院，在伯明翰大学附近的达德利教师培训学院任教。

大约也是在这个时候，弗朗西斯偶然在《泰晤士报》上看到父亲的一封信，并按照那个地址给他写了一封信，她和父亲再次取得联系。她发现父亲现在和另一个伴侣格拉迪斯（Gladys）住在一起。此时他并没有和弗朗西斯的母亲离婚，直到母亲去世后，父亲才和格拉迪斯结婚。

弗朗西斯一直与他们保持着密切的联系，直到他们去世。她和格拉迪斯相处得很好，也经常去看望他们。不过在那段时间里，她看到父亲对待格拉迪斯就像他之前对待母亲那样。因此，她得出结论，父亲对女性的态度总体是较轻视的。这证实了她之前的想法，即父亲认为女性不应该接受教育，因此他并没有认真对待对自己的教育。他经常提醒自己的女儿，灵魂比智力更重要，生活中还有比通过考试更重要的事情。

随着这对夫妇逐渐老去，弗朗西斯花了很多时间陪伴他们，并在格拉迪斯病危时照顾她，直到她去世。而乔治·维克斯的宗教信仰在他生命的最后时刻发生了转折，他仍然深受宗教怀疑的折磨。不过他转而相信罗马天主教会才是真正的救赎之路，但他在去世前才皈依天主教。现在，弗朗西斯讽刺地评论父亲在最后时刻回到教会的怀抱，说这位狡猾的老无政府主义者还是个"两面派"呢！

儿童心理治疗训练

　　1949 年，正处在第二段婚姻中的弗朗西斯因妊娠毒血症失去了第一个孩子。第二年，在阿诺德的支持下，弗朗西斯把她的悲伤和失望转化成了实实在在的努力，开始在伦敦塔维斯托克诊所接受儿童心理治疗师的培训。尽管当时她在后勤保障方面遇到了相当大的困难，但是她开始沉浸在儿童心理学的研究中，这一开始就是一辈子。

　　1950 年，她成为第一批在塔维斯托克诊所接受培训的儿童心理治疗师之一，加入了在这里新开设的非医学儿童心理治疗师培训课程，上一次在这里开设课程是在两年前，即 1948 年。她每周都从伯明翰往返于此。和她一起参加培训的还有玛莎·哈里斯（Martha Harris）、迪娜·罗森布鲁斯（Dina Rosenbluth）和伊冯娜·豪普特（Yvonne Haupt），她们都是同龄人。培训结束后，除了伊冯娜回到了家乡南非，其他三人在以后的生活中仍然是亲密的朋友。玛莎·哈里斯在弗朗西斯手头拮据且需要在伦敦找个地方住一周时让她住进了自己家。因此，弗朗西斯对玛莎有着特别美好的回忆，她的善良和慷慨在培训期间给了弗朗西斯很大的帮助。

　　塔维斯托克诊所位于伦敦市中心，靠近哈利街，在那里她遇到了两位令人敬畏的老师——约翰·鲍尔比和埃丝特·比克（Esther Bick）。约翰·鲍尔比在培训空隙面试了她，他在促成儿童心理治疗培训方面发挥了重要作用。当时，精神病学界十分反对非医学专业人员与心理障碍儿童进行治疗性接触。但正是在鲍尔比的大力支持下，儿童心理治疗师的培训课程最终获得了认可，但这一职业被称为是"非医学"的。这个矛盾的头衔持续了很多年，直到1972年，"非医学"这一前缀才被去除，这个职业才被完全接受。1975 年，才有了第一位医生到此参加培训课程。

约翰·鲍尔比是一位研究员，也是一位精神分析学家，他对心理治疗的思考和治学方法给弗朗西斯留下了深刻的印象。尽管他有着苏格兰血统，不过在弗朗西斯的印象中，约翰·鲍尔比总是"一个最优秀的英国人"。而埃丝特·比克是一位来自波兰的难民，性格热情，给人留下了截然不同的印象。起初弗朗西斯对埃丝特·比克支持克莱因夫人和她的工作热情充满了担忧。不过随着时间的推移，她开始欣赏比克夫人的临床敏锐性，并发现她其实是一位鼓舞人心的老师。

比克夫人优先研究了婴儿内心的幻想世界，而鲍尔比则研究了婴儿对其照顾者有依恋这一特性的外部证据。在儿童发育过程中区分这些内部因素和外部因素及保持两者之间的区别和共同性的问题，在今天仍然同当时一样存在许多困难。尽管比克作为外聘教师和督导师在儿童心理治疗小组中仍然发挥着主导作用，但是由于其和鲍尔比之间的分歧，比克最终还是离开了塔维斯托克诊所。

比克夫人在维也纳对婴儿进行了第一次观察，在那里，她在夏洛特·布勒（Charlotte Bühler）的指导下学习了儿童心理学。然而，由于深信观察婴儿有很大的价值，她决定采用一种与她在维也纳大学心理学系所学的方法截然不同的做法——她并没有像学校教的方法一样主要使用计数器去观察婴儿，而是把重点放在研究婴儿期的情感发展及其结构上，寻求此阶段正在形成的内部结构化的证据。但是由于这种调查方法过于依赖主观判断，因此存在某些缺陷，需要进行大量的科学研究。我将在本书后面的其他部分再回到这个重要的主题。

比克夫人观察婴儿的方法从一开始就在塔维斯托克儿童心理治疗培训中占据了中心地位，弗朗西斯一直觉得特别感谢她在这方面的培训。1962 年，婴儿观察被纳入英国精神分析学会的培训项目，目前，其重要性已被世界各地的精神分析和精神分析心理治疗法（成人和儿童）培训课程广泛认可。

婴儿观察法即每次对婴儿进行一个小时的密切观察的方法，没有任何类型的同步记录，但在观察结束时会进行详细记录。在《婴儿观察》（米勒等，1989）中，作者们全面描述了这种婴儿心理发展研究方法的发展和原理。他们对观察材料的讨论也说明了需要有效利用这些材料并谨慎地从中得出结论。

正是比克夫人负责选择塔斯廷的培训分析师。1950 年，弗朗西斯认为自己根本没有理由对自己进行分析，因为她关注的是孩子，而不是她自己。她认为自己和其他人一样是一个神智健全的、敏感且有洞察力的女人。虽然她接受了对自己进行分析，不过还是认为这是培训中必要但不方便的一部分。当时，她并不认识威尔弗雷德·比昂（Wilfred Bion），她只记得为了成为一名优秀的学员，她会听从比克夫人的指示，按照她说的去做。

弗朗西斯第一次见到比昂时就对他产生了强烈的厌恶感，觉得他是一个冷峻、令人生畏的人物。"我想，这真的太可怕了！比昂有浓密的粗眉，还有一双毫无生气的眼睛！我不知道自己会变成什么样子。感觉就像他把我扔到了沙发上。我想我真的被他吓坏了。我跟他私下的交流可谓少之又少。"（私下交流）那时，弗朗西斯与同事们毫无顾忌地谈到了她的分析，但是同事们回忆说她在一开始就坚持认为比昂有着脚踏实地的优点，这说明她对比昂的心理是矛盾的。

与她最初对精神分析的态度相反，弗朗西斯将与比昂一起做分析，这一做就是 14 年，中间休息了两次，一次是她生病，另一次是她不在美国。后来，她对比昂有了一种完全不同的印象，并曾多次诚挚地赞扬他坚定不移地坚持真理的品格。

弗朗西斯在塔维斯托克诊所接受了为期 3 年的儿童心理治疗培训，这为她的进一步发展奠定了基础。她非常感激埃丝特·比克和约翰·鲍尔比，并且开始充分运用从他们那里学到的东西。不过，她和自己的父亲一样，仍然保持着一种适度的怀疑态度，对新问题和存疑的问题始终保持着警惕。

1952 年，马里恩·普特南（Marion Putnam）在诊所进行了一次演讲后，弗朗西斯面临的第一个挑战开始了。在坎纳发表第一篇关于自闭症的论文 9 年后（坎纳，1943），人们对自闭症越来越感兴趣，特别是在美国。鲍尔比借此机会邀请马里恩·普特南来谈谈正在波士顿詹姆斯·杰克逊·普特南研究和治疗中心进行的工作。在这个机构中有一个专门的部门研究自闭症儿童及其父母和家庭的需求。

因此，正是马里恩·普特南最先激发了塔斯廷对自闭症的兴趣，并引入了一个思考婴儿发育及其逆境的全新视角。当时，自闭症似乎超出了克莱因学派儿童心理治疗的范围，因为自闭症是基于对关系和幻想关系的分析，心理治疗师在面对自闭症现象时遇到了相当大的理论差距。而塔斯廷并不是唯一因新的更深层次的病理出现的激发而对自闭症感兴趣的人。在塔维斯托克诊所，比克已经和一个她认为患有严重精神分裂症的孩子一起工作了很多年（1968）。20世纪50年代，波普尔（Popper）和鲍尔比也对自闭症所引发的新理论问题感兴趣。塔维斯托克诊所的其他人也随之对此产生了兴趣，其中包括霍克斯特（Hoxter）（1972）、布雷姆纳（Bremner）、韦德尔（Weddell）和维滕伯格（Wittenberg）。并且在与精神分裂的儿童接触的工作中，他们逐渐认识到儿童早期精神分裂中存在着固有的自闭症特征。这项工作后来由梅尔泽（Meltzer）协调，并经他整理后发表（梅尔泽等，1975）。

"这位自闭症儿童反应迟钝，不愿配合，也不愿沟通，给我们直观地展现了一个技术性和理论性的难题。"克莱因夫人在谈及她遇到这样一个孩子时（克莱因，1930）也意识到从理论上来说治疗是相当困难的，以至于让她无法做出诊断。因此她得出结论，迪克是"发育过程中受到了抑制，而不是退行"。她推测发育抑制出现在早期的口腔施虐阶段，精神在发育过程中遭受的一种过度的破坏性暴力，这种暴力带来的伤害大过了所有的力比多愉悦感，并构成精神分裂症的固定点。虽然她倾向于将迪克的症状归类为精神分裂症，但她也很清楚做出这种诊断存在内外不一致性。不过总的来说，消除理论和分类问题的证据仍有待汇总。

普特南中心支持一种将弗洛伊德式精神分析与改变行为治疗方法相结合的机制，并试图训练自闭症儿童以一种更能被社会接受的方式生活。在塔维斯托克诊所培训结束时，塔斯廷有机会又在那里学习了一年，这一年对她来说是重要的经验积累期。在她看来，虽然普特南中心工作人员的技术不太适合治疗儿童精神障碍，但该中心有创新和活跃的气氛，在那里她和很多工作人员做了朋友。

与此同时，在美国，芝加哥大学的布鲁诺·贝特尔海姆（Bruno Bettelheim）正在开发一种精神分析治疗方法。他认为自闭症就是孩子在本该认识自己本质前的某一个关键时刻，却突然从生活中隔离出来，在他的自闭症和精神病儿童治疗学校，贝特尔海姆正是基于自己对自闭症的这种理解给孩子们进行治疗的。1967 年，他关于自闭症的观点第一次发表在《空堡垒》（The Empty Fortress）上，与比昂和塔斯廷的观点有很多共同之处。

机会、直觉、识别并把握机会的能力结合在一起，使塔斯廷在工作上的进展更加迅速。恰巧在她的培训结束时，出现了这样一个机会：1954 年，阿诺德·塔斯廷应邀到离波士顿和普特南中心不远的剑桥市麻省理工学院担任为期一年的访问教授。

在约翰·鲍尔比的鼓励和推荐下，弗朗西斯得以在该中心接受一项荣誉任命，并在那一年里全身心地投入关注自闭症儿童及其父母的日常生活中。对于她试图弄明白第一次听到马里恩·普特南的论文里所说的孩子们奇怪、离谱的行为来说，这是了解他们原始生活的第一手经验。

弗朗西斯既没有受过医学训练，也不是心理学家，只是凭借在塔维斯托克中心接受的培训，才被允许参加该中心的治疗项目。此外，该项目还向自闭症儿童父母提供一项临时照顾计划，这一计划即使不能实现最大利益化，相对来说也是平等互利的。弗朗西斯抓住这个机会去自闭症儿童的家里生活，全职照顾他们，而他们的父母则有时间休息一下。这为弗朗西斯提供了一个重要的新视角，让她对自闭症儿童的父母承受的负担产生了持久的尊重。

坎纳早期对自闭症儿童父母性格的推测，促成了将情感冷漠作为自闭症病因的研究，并产生了"冰箱妈妈"一词（坎纳，1959；艾森伯格，1956；克里克和伊尼，1960）。但是弗朗西斯认为这对她亲自了解过的母亲们来说是一种伤害和不公平，因此她强烈地为这些母亲们辩护。她对母亲们的困境很敏感，就像她曾经看到自己母亲的困境一样，她认为自己的母亲在无情的丈夫手下受苦受难，这次她没有矛盾心理，她对自闭症儿童的母亲的支持和同情一直是毫不吝啬的。

弗朗西斯的第一本书《自闭症和儿童精神病》（*Autism and Childhood Psychosis*，1972）是在她生活的人际关系还处于混乱状态的关键时期写的。那个时候塔斯廷离开了她的分析师，离开了塔维斯托克儿童培训中心，也离开了梅尔泽为研究自闭症而设立的研讨班。她搬出了伦敦，她也超过了生育年龄，她承受着失去生育健康孩子的可能性的痛苦和失望（42 岁时，她由于妊娠毒血症失去了第二个孩子）。现在她必须从对自己创造力的肯定中找到满足感。她脑子里充满了各种各样的想法，觉得自己完全能够在这本书的写作中找到满足和解脱。

第 **3** 章

自闭症的发现及其理解探究

已有先例可循的，

没有先例可循的，

当原始的什么都没有时，

一些直观的东西就产生了，

然后一切都从大统一开始了。

——约翰 · 威尔莫特，罗切斯特伯爵

（John Wilmot，Earl of Rochester，1647—1680）

在 1943 年利奥·坎纳（Leo Kanner）的开创性论文发表之前，患有自闭症的儿童和成年人通常都会被送进"精神衰弱者"机构。其实他们与其他患有一系列疾病的人并没有什么区别，这些疾病的共同点和突出特点是他们无法发展正常的人际关系和学习。所有这些儿童都被认定为智力缺陷和不可教育的儿童。因此，长期以来，终身监护一直被认为是可以适当提供的最佳照顾。

坎纳的论文是对一组包括11名儿童的研究，他认为这些儿童有着

"基本的共同特征，以至于从精神病理学的角度来看，他们被认为是基本相同的"。当大多数儿童被带到坎纳位于巴尔的摩的研究所时，他们都被认为是智力低下的，而且他们在心理测试中的低分数似乎也证实了这一点。

　　然而，经过仔细检查，坎纳得出结论：儿童的认知潜能被一种"基本情感障碍"所掩盖，所有自闭症儿童的共同点是他们从出生开始就不能以普通的方式把人和环境联系起来（坎纳，1943）。他特别强调所谓的"自闭症孤独感"，从而将情绪决定的因果关系引入精神障碍中，而之前在这一领域，器质性病因被认为是公理。

　　这篇具有原创性和争议性的论文，将精神疾病和精神缺陷的前沿研究联系了起来，激发了相关学者的极大兴趣，并引发了一场关于自闭症的性质及其病因的辩论，这场辩论一直持续到现在。对自闭症现象的理解有助于理解心灵的本质和起源，在心理学和哲学研究中占有重要地位。在这一探索中，尚未解决的问题是情感在早期心理发展中的作用和意义。

认知障碍

许多遵循坎纳关于情感重要性的假设的心理学研究愈发强调自闭症患者的认知缺陷。这与当代儿童精神病学的发展及其相反的兴趣是一致的，即提请注意智力障碍和器质性（有机）脑损伤在婴儿精神病病因学中的作用。卡梅伦（Cameron，1955，1958）甚至试图证明智力障碍在引发精神病的过程中起着至关重要的作用。

随着坎纳的论文的发表，实证研究越来越重视对自闭症患者认知障碍的识别（赫梅林和奥康纳，1970；拉特和肖普乐，1978；拉特，1979；德·梅耶尔，1971）。到20世纪80年代中期，拉特（Rutter）总结累积的研究证据（1983，1985），得出了一个这样的结论：认知障碍是自闭症的基础表现，也是自闭症不可分割的一部分，是所有其他特征的基础，其中包括坎纳发现的"情感障碍"。拉特认为这种缺陷是一种认知能力的丧失，而不是认知功能的紊乱，如果这是大脑功能的损害，不一定涉及器质性病理或大脑疾病。他关于特定的、内在的大脑功能损害的观点给自闭症设定了一个生物学上的印记，这隐隐地、后来又明显地阻碍了广大研究者对情感心理因素的进一步研究（吉尔伯，1988，1990；施特菲博格和吉尔伯，1990），从而把这个领域的探究留给了精神分析学家。

心理咨询方法

自 20 世纪 50 年代以来，纽约的玛格丽特·马勒（Margaret Mahler）、芝加哥大学的布鲁诺·贝特尔海姆和伦敦的唐纳德·梅尔泽（Donald Meltzer）是最关注坎纳研究结果的精神分析学家。受这三个人的影响，儿童心理治疗师弗朗西斯·塔斯廷于 1972 年出版了她的第一本关于儿童自闭症的书。本书中，她也支持精神分析的观点，不过其中立态度中也带有个人的见解。

弗朗西斯的第一本书《自闭症和儿童精神病》是她 20 年来与自闭症儿童生活、合作经验的结晶。不过此后，她却担心这个标题会让一些人认为自闭症儿童不是精神病患者。因此她建议，更恰当的标题应该是"儿童精神病自闭症"（The Autism of Childhood Psychosis，塔斯廷，1981）。塔斯廷对调查这两种病症之间的联系的精神分析兴趣是她的第一本书的一个特点，在精神病学研究领域，她对自闭症和精神分裂症之间的可能联系做了许多研究（赫梅林和奥康纳，1970）。

直到 20 世纪 80 年代，精神分析理论和研究方法才开始结合起来（弗雷博格，1982；方纳吉等，1991a，1991b），这时霍布森开始将研究方法应用于自闭症的心理动力学理论（霍布森，1984，1985，1986）。

自闭症和精神病

到 1979 年，人们已经明确自闭症和精神病之间存在着明显的病理学差异，自闭症并不是早期精神分裂症的一种形式（沃尔夫和巴洛，1979）。在坎伯尔韦尔调查之后（温和古尔德，1979），温（Wing）扩展了坎纳的自闭症标准，把表现出一些自闭症特征的精神病儿童也包括在内，并确立了自闭症症状三联征——社会交流障碍、语言交流障碍和想象力发展障碍。而坎纳的"严重自闭症孤独感"是温所说的综合征的一个关键特征，指的是他对自闭症儿童心理状态的感知，将其等同于社会孤立。不过温忽略了这种微妙的重点变化。然而，对心理动力学心理学家来说，这个标准带来了一个重要的转变，即对确定标准的关注从个人内部领域转向人与人之间的领域。

温提出了一个自闭症障碍的连续体（温，1988），当时将其放入《国际疾病分类》（ICD-9）中规定的儿童精神病类别这一范围只差一小步。最后，正如吉尔伯（Gillberg）（1990）所说，所有儿童自闭症和精神病性疾病都可以涵盖于《精神障碍诊断与统计手册》（DSM-IHR）中规定的广泛性发育障碍组中。温的诊断的明确和简化目标是基于对坎纳标准的批判性重新定义，这个定义没有被普遍认可。但是该定义支持削弱症状学的区别，并反对特异性。阿尔瓦雷斯（Alvarez）在一篇关于自闭症争议的评论中指出："孩子不是什么可能比他是什么更重要。"（阿尔瓦雷斯，1992）

塔斯廷的观点

塔斯廷对儿童早期自闭症的理解是以一种富有想象力和个性的方式呈现出来的。她从自己治疗过的孩子身上学到了很多东西，但和克莱因一样，她也从自己的生活经历中汲取了个人见解。精神分析学家威尔弗雷德·比昂在分析结束后很长一段时间里仍然对她产生了很大的影响。毫无疑问，比昂的影响有助于她对自闭症的思考，但这一点旁人比她看得还要清楚。已故的奥利弗·莱思（Oliver Lyth）对她的评价是：她似乎从"沙发"上的气氛（塔斯廷第一次见比昂时）中吸收了我们其他人从阅读和重读比昂的书中学到的东西。尽管如此，塔斯廷还是第一个承认她在理解比昂的大部分作品时遇到了困难的人。

她的第一部作品是一次勇敢的尝试，试图进入自闭症儿童不友好、无意识和前语言的世界。在这本书中，塔斯廷介绍了她的临床工作，以及她在广泛的临床经验和她与许多自闭症儿童及其家人的个人熟识过程中形成的体系和构想。

她以诚实和热情的笔触将理解与沟通的光照进了这一未知的世界。根据克莱因派的训练术语，她吸收了马勒、贝特尔海姆和温尼科特的概念，并试图通过将整体整合成一个分类系统来赋予一些科学的客观性。这种尝试还为时过早，这本书围绕她的临床研究松散地组织在一起，外界对其的评价产生了严重分歧。在某些方面它受到了热烈欢迎，而在另一些方面，它被认为是对可信度和科学的侮辱而遭到反对。

　　华盛顿大学儿童精神病学教授詹姆斯·安东尼（James Anthony）在一篇长篇评论中试图解决这本书带来的不同影响，他写了一篇名为《在克莱因大地上的塔斯廷》的文章（安东尼，1973），并在其中模仿了刘易斯·卡罗尔（Lewis Carroll）笔下爱丽丝的语气说道："我希望我从来没有读过这本书，没有掉进克莱因派解释的'黑洞'——然而——然而——你知道，这种心理玄学的生活相当奇怪。"他尊重塔斯廷的诚实，但怀疑她的科学，他还以仁慈和幽默的态度将大家的注意力吸引到书中幻想被误认为事实的地方。不过这是对塔斯廷的诚实的一种赞扬，对此塔斯廷没有丧失信念的勇气，反而受到激励，重新审视自己构想的基础，并更加严谨地对待自己的思想。在随后的几本书中，她对自己的观点进行了重新解读和扩展，其中大部分内容都在第一本书中有所体现。

　　塔斯廷总是试图更多地引发读者的共鸣，而不是为自己的观点提供确凿的科学证据，但这是她试图向大家描绘这样一个复杂领域的做法。威尔弗雷德·比昂还指出了所有精神分析研究中固有的科学问题：对他们来说如何在没有理解现象的情况下与他人沟通（比昂，1967）。尽管存在这样的问题，塔斯廷的直观认识还是得到了认可，她的工作受到了全世界临床医生的重视。

　　她认为自己的观点在罗马天主教国家更容易被接受，因为他们在文化上熟悉灵魂这个概念及灵魂对邪恶的保护。对塔斯廷来说，自闭症患者似乎生活在一个无神论的世界里，在这个世界里，自闭症外壳是他们最后的避难所，这与贝特尔海姆的《空堡垒》遥相呼应，后者是从地狱逃离的终极保护（贝特尔海姆，1967）。

塔斯廷认为早期婴儿自闭症是一种病理障碍，这种障碍是在婴儿期心理发展中以感官主导的预思考阶段形成的。这是一种停滞而不是退行。她认为"婴儿时期身体与父母分离时的创伤意识的冲击，造成了持续的心理发展的停止和偏离"（塔斯廷，1972）。换言之，婴儿与父母分离的经历对他们来说是过早的和创伤性的，因此自闭症患者对生活的逃避是对抗精神病性抑郁症的最终防御措施。精神病性抑郁症的"黑洞"是一种状态，在这种状态下，最主要的恐惧是自我意识的毁灭或温尼科特所表达的"永远堕落"（温尼科特，1958）。

正常自闭症

不幸的是，尽管塔斯廷在1991年的论文中"修正"了自己的观点，但由于对自己的想法不够自信，所以她仍然追随马勒的观点，将人类发展的早期心理形成阶段称为"自闭症"。但是马勒的立场因为接受传统的弗洛伊德关于婴儿发育的观点而受到了影响。婴儿发育的观点是建立在刺激"屏障"概念基础上的，这里的刺激"屏障"是为了保护新生儿在生命的最初几周内免受过度刺激的影响（弗洛伊德，1920）。弗洛伊德的刺激屏障概念是通过复杂的科学和生物学论证得出的，非常适合马勒关于假性胚胎发育期的推测。尽管后来的研究证据使马勒不再使用"正常自闭症"一词，但该概念在考虑病理经验方面仍然有用（马勒，1985）。她对儿童心理发展的"觉醒"期的替换接近斯特恩的"浮现"期（1985），但似乎更接近塔斯廷总是将她所谓的"正常"自闭症概念化的方式。

在正常情况和病理情况下使用相同的术语是一个严重的错误，但这只会造成混乱，而不会将错误放大。例如，将婴儿早期的身体不协调说成是"正常脑瘫"，这既是古怪的又是错误的，但是这种预期的比较在一定程度上是可以识别的，不过不是很有用。

将婴儿心理发展的最初阶段称为正常自闭症当然是没有用的，但塔斯廷并未使用马勒意义上的术语。即使在她的第一本书中，她也谈到了"一种识别模式、重复和连续性的先天禀性"，以及"了解世界及其对象、人和其他思想的耗时过程的复杂性和微妙性"。在随后的一篇论文中，她讨论了自己对自闭症形态及其所谓的"先天形式"的思考（塔斯廷，1984a），从而得出了有关形态在心理发展中的意义和功能的结论，这些结论与发展主义者的发现极为相似（鲍尔，1971；梅尔佐夫和摩尔，1977；梅尔佐夫，1981）。在将形态视为"塑造早期经验的主要模子"（塔斯廷，1986）时，她难道没有以自己富有想象力的方式来表达"婴儿从生命早期就形成了知觉品质的抽象表征，并对其采取行动"（斯特恩，1985）？

塔斯廷在努力理解自闭症的过程中，无论在科学和文学中的何处找到有助于描述自己的自闭症概念的术语或图像，她都会充分借用。她对寻找创意的热情有时会导致她的说法不准确，也许她会被指责"使事物符合她想要表达的意义"（卡罗尔，1871）。尽管如此，她所说的自闭症不是一种等待刺激的消极状态，而是一种原始的、活跃的、预先思考的存在，在不利条件下，它可能会僵化为一种反思维模式（塔斯廷，1972）。

对于这种心理发展的预先思考阶段，自闭症是一种误称。塔斯廷和梅尔泽等人（1975）一样，强调自闭症儿童的感官主导和原始心理世界。在这个世界中，由感官引起的活动被赋予了一种保护功能。他们都认为感官活动的重要性与现代婴儿研究的发现是一致的，在这些发现中，感官模式在早期心理组织中起着重要作用，而组织过程本身是婴儿作为一种"新兴的自我意识"而经历的（埃斯卡洛纳，1953；斯特恩，1985）。塔斯廷之所以不能用回顾性和病理性来引证婴儿对社会关系的内在兴趣，是因为这恰好是自闭症中失去或遭到破坏的方面。

我认为，婴儿研究中最新、最令人兴奋的进展是发现婴儿具有一种与生俱来的能力，能够识别感知模式之间的对应关系。这方面的媒介似乎在于形状的属性（露丝等，1972；梅尔佐夫和巴顿，1979）。感知和使用形状作为经验的组织者是一种未经学习的、天生的能力，似乎可以在这种能力基础上建立婴儿的识别和学习过程。

从塔斯廷对自闭症儿童的临床经验来看，她已经认识到形状的主要意义和内在意义，但是她还是难以从概念上理解破坏的本质，这导致自闭症儿童无法利用自己的能力来识别形状作为知觉经验的组织者。在马勒和克莱因之后，她很难脱离两人的心理学对自己的观察结果进行理论解释。她认为这是对知觉和意识过程的原始破坏，她将其概念化为对身体与物体分离的意识的异常反应。

塔斯廷的困境与克莱因相似，当时克莱因也很难解释她的病人迪克的行为（克莱因，1930）。克莱因很清楚，由于这个男孩"没有情感上的接触，而且缺乏客体关系"，因此让她在诊断和理论解释上都遇到了很大的困难。1930年，即在坎纳的论文发表的13年前，在没有另一种理论的情况下，克莱因还是选择将这种令人费解的观察结果纳入现有的客体关系框架中。克莱因虽然只是尝试性地得出结论，但她建议："自我对虐待的过度和过早防御遏制了与现实的关系的建立和幻想生活的发展。"她在迪克的心理发展中看到的是"发展的抑制，而不是退行"。这与塔斯廷的大规模防御和无意识防御概念差不多。

大规模防御性撤退或反常行为概念有效地抹去了有生命物体的意义，因此引发了一个因果关系问题。是客体被排除在外，还是有一个更根本的问题，即因无法理解而导致被排除在意义之外？当塔斯廷将自闭症描述为对不可预测性的防御时，就接近于后一个结论（塔斯廷，1991）。

塔斯廷在一篇论文中修正了自己对心因性自闭症的看法（塔斯廷，1991），并且总结了对自闭症的理解，认为自闭症是"一种保护性但与人疏远的自我感觉异常系统，它的发展是为应对比如与母亲分离造成的婴儿早期的创伤"。这是"一个为应对未得到缓解的恐惧感而出现的早期发展偏差"。此时心理发展受到阻碍，自闭症儿童认为自己通过具体地依附于自闭症感觉对象，在之后的一个不受管制的随机世界中找到了安全感。而最新认知研究的实验证据有力地支持了这种经验情境中固有的无意识（拜伦-科恩等，1985；弗里斯，1991）。

在关于自闭症及其病因的争论中，威尔弗雷德·比昂的思维理论很可能最接近关于自闭症所涉及的原始性水平。无论是以"认知缺陷"（拉特，1983）、"无法有意义地处理刺激"（赫梅林和奥康纳，1970）、"物体恒常性失败"（安东尼，1958）、"缺乏同理心"（霍步森，1986），还是"缺乏心智理论"（拜伦﹣科恩等，1985）来考虑自闭症状态（拉特，1983），比昂的思维理论涉及的功能水平从属于所有人，因此是所有人共有的。而塔斯廷的自闭症概念与其分析师的理论模型有多大程度的匹配，则是本书的主要内容。

第 **4** 章

不正常的孩子

"多不正常！"这是一种令人痛苦而惊讶的感叹，其中一些幼儿精神错乱的突出例子很容易引发这种感叹。

——莫兹利（Maudsley，1879）

痴呆症和白痴的区别

1838 年，埃斯基罗尔（Esquirol）将痴呆症与白痴区分开来时，第一次用儿童精神病理学中建立的分类法区分了精神疾病和发育迟缓。痴呆症是从成人病理学的疾病分类学中借用的术语，而白痴是埃斯基罗尔为那些他认为没有康复希望的先天性缺陷患者保留的术语。他认为，由于可以抑制症状，痴呆症康复的预后会大大改善（埃斯基罗尔，1838）。但塞金（Seguin）却强烈反对这一重要区别，他极力主张智力障碍可以从发育迟缓中恢复过来，但塞金的观点更多是出于个人信念，没有科学依据的，因此他的主张未能得到证实（塞金，1846）。

整个 19 世纪，无论在英国还是在美国，对儿童心理障碍的病因都有不同的看法。学界开始越来越多地关注儿童的神经和心理上的不成熟，这一倾向开始取代更普遍的、与不可逆转的恶化有关的精神错乱的概念。

学界越来越多地尝试区分器质性因素和心理因素。一些人从"不稳定"的神经系统中看到了儿童精神错乱的原因。另一些人则从环境的角度出发，看到了患者的心理创伤和早期的生活经历，例如，长期剥夺或忽视、残酷的养育或惩罚性的宗教教育……这些都与儿童的精神疾病有关。还有些人确信儿童精神错乱存在器质性损伤，这个观点得到了一些人的支持。他们认为妄想是痴呆症的主要症状，其形成需要高级认知能力，所以真正的精神疾病根本不可能发生在儿童身上。伊曼纽尔·康德（Immanuel Kant）于 1798 年撰写了一篇关于精神疾病分类的文章，他坚信所有形式的精神错乱都是遗传的——"没有精神有问题的孩子"！

在 1896 年克雷佩林（Kraepelin）重新表述之前，人们对成人精神疾病的理解是零星的。虽然只挑出一两种疾病实体，但这种情况通常是以无差别和贬义的术语来指代的，如疯狂、疯癫或精神错乱。而儿童期精神障碍的临床表现更加让人难以理解，因此未能引发广泛关注。1883 年，一份关于儿童期心理疾病的世界性文献综述只提及了 55 篇论文（莱文杰，1883）。

不过欧洲是明显的例外，整个欧洲已经开始出现零星的轶事报道，描述某些精神错乱儿童的历史和行为。其中一些案例研究揭示了人们对儿童精神障碍的心理因素和情感因素感兴趣的早期迹象，并且在这方面似乎超前于他们的时代（奥斯特赖克，1540；美尔库里亚利斯，1583；布鲁泽，1674）。然而，直到成人痴呆症理论的发展开始成形后，对儿童精神疾病进行进一步的研究和分类才成为可能。尽管克雷佩林本人对儿童精神障碍这一领域没有研究，但他的工作很有影响力，他的概念得到了运用并推动了对"不正常"儿童的研究。

对儿童精神病的逐渐认知

英国精神病学先驱亨利·莫兹利（Henry Maudsley）首次尝试将儿童精神病的疾病分类学系统引入普通精神病学。他根据对精神病症状的观察提出了许多类别，这些症状与孩子的发育水平相关，并且他认为发育不成熟是造成儿童精神疾病的重要因素。1867 年，莫兹利的教科书《心理生理与病理学》第一版中有一章为"早期精神错乱"。那时，人们普遍认为儿童不可能患有精神病，因为人们认为儿童的神经和心理不成熟必然会在自然成熟过程中消除任何发育障碍，所以莫兹利的观点遭到了严重的抨击。

人们对儿童期精神病存在的观点表示愤慨，但莫兹利在这种敌对反应中认识到，精神病儿童的古怪行为和其他种种让人不能理解的行为可能会引起成年人深深的恐惧和厌恶。他认识到面对理解和对待这类儿童的困难时所经历的无助感。人们往往难以理解那些被视为理所当然的成长和发展的年轻人遭遇的严重失常。因此童年精神生活的必要条件受到了这些观念的挑战。

坎纳认为莫兹利的贡献是一个里程碑，从此开始探索和描绘儿童期精神病的范围（坎纳，1954），然而这个观点遭到了一些批评。如今，莫兹利在儿童精神病学史上的地位鲜为人知，尽管他首次对"早期精神错乱"的系统化研究没有得到足够的认可，但不久之后，儿童精神病就被广泛认可为合法的研究领域。

克雷佩林对成人精神疾病分类的贡献是区分了四种不同的综合征，他将其命名为"紧张症、青春期痴呆、单纯型痴呆和妄想狂"。其中一些名称已经被确定。但是同一疾病存在这四种不同症状时，克雷佩林引入了一个直到今天仍在使用的名称——早发性痴呆。他认为精神病是一种基于器官的退行性疾病，涉及代谢或中枢神经系统。他的理论研究并未扩展到儿童期精神病理学，但确实激发了广大学者对儿童痴呆症研究的兴趣。然而，直到 20 世纪，儿童精神病学才得以发展，对儿童精神病的研究不是从成人精神病理学中衍生而来的，而是从对它的理解开始的。

1906 年，德桑克蒂斯（De Sanctis）在研究精神病院儿童的精神障碍时指出，精神错乱行为可能出现在智力低下的儿童和智力良好的儿童身上。为了区分后者，他引入了"早发性痴呆"一词来表示早发性痴呆的发病年龄非常早。与克雷佩林的理论相反，他得出结论说，与痴呆症相关的精神衰退不一定是退行性的，而可能是起源上的倒退，因此是可逆的。这是一个重要的诊断步骤，因为它不仅区分了痴呆症的器质性病因和情绪性病因，而且引入了回归的概念。在那些被认为是器质性痴呆的病例中，康复的前景与白痴一样黯淡。然而，病理性回归的想法为早发性痴呆的治疗提供了前景。这使人们在寻求理解精神障碍的过程中将成熟过程置于首位，并为20世纪的发展心理学和基于心理学的研究开辟了道路。

自闭症与儿童精神分裂症

1911 年，布洛伊勒引入了"精神分裂症"一词来代替克雷佩林所说的"早发性痴呆"，这一修订不仅改变了术语，而且颠覆了克雷佩林关于精神病是一种器质性的、不断恶化的疾病的观点。但和克雷佩林一样，他识别出了一系列症状，所以他说的不是单一的精神分裂症，而是"精神分裂症组"。受弗洛伊德的影响，布洛伊勒在将精神症状的重要性和意义归因于精神病症状的心理特征方面与克雷佩林大不相同。他对精神病表现既有防御功能又有适应功能的理解，为临床见解增加了一个新的维度。此外，他还制订了一种诊断规范，被称为"四个A"，用于诊断精神分裂症。这"四个A"分别是指情感障碍（Affective disturbance）、自闭性退缩（Autistic withdrawal）、矛盾心理（Ambivalence）和联想（思想）障碍[Associative (thought) disorder]。

　　布洛伊勒给精神错乱这个难以理解的世界带来了一个新想法，即精神病症状中可能有结构和意义，但令人想不到的是他也完全忽视了儿童的病理学。不过他的想法激起了人们对所有精神病的极大兴趣。起初，"四个A"被原封不动地应用于儿童精神障碍。直到1933年，波特（Potter）才提出了儿童精神障碍的诊断标准，该标准考虑了儿童特有的发病和临床病程差异。波特对儿童精神分裂症的诊断标准有：

　　1.对周围事物不感兴趣；

　　2.有思维障碍，具体表现为思维阻塞、象征化、凝结、固执和语无伦次；

　　3.有语言功能障碍，有时会沉默；

　　4.情感的减弱、僵化和扭曲；

　　5.过度运动或抑制运动，导致不间断的活动或基本不活动；

　　6.举止古怪，有坚持或刻板印象的倾向。

　　尽管波特注意到了儿童精神障碍标准的不同之处，但精神分裂症一词开始被广泛用于指代儿童的精神障碍。并且过早使用这一诊断标签本身可能已经妨碍了儿童精神疾病研究的进展，导致了随之而来的关于病因学和术语的争议与混乱。"对儿童中存在精神分裂型精神错乱的抵抗"(Mahler，1958，斜体部分)并没有完全消失，但这可能是基于儿童和成人精神障碍标准的相似之处仓促得出的结论，而缺乏对这两者的精神病理现象之间的差异的关注。

从儿童精神错乱和奇怪行为的诊断泥潭中走出来的第一个重大进展是坎纳在1943年描述了早期婴儿自闭症综合征。人们第一次认为有可能在看似疯狂的精神病儿童世界中隐藏着某种意义和秩序，而精神病儿童本身也与其他具有不同起源的学习困难儿童区分开来。

在坎纳发表研究之后不久，玛格丽特·马勒于1949年开始以婴儿期未能达到某些特定的心理结构为基础来区分儿童期精神病的症状。她提出了"共生性精神病"的概念，将那些可以与他人建立某种程度关系的儿童与自闭症儿童区分开来，无论这些儿童的精神世界有多么原始或混乱，坎纳都是通过"极端孤独和对他人的冷漠"来识别他们的。

马勒和她的团队在20世纪50年代的大部分时间里都在对影响婴儿病理发育的因素进行广泛的研究调查。在研究了大量健康儿童和精神失常儿童后，马勒得出结论：与母亲或照顾者的共生体验是健康心理发展的基本要素。她认为与母亲的共生统一为婴儿提供了一个心理子宫，促进了婴儿的心理成长，并使其认识到自己的精神世界(马勒等，1975)。

心灵的诞生与母亲对婴儿的身体护理及其需要密切相关。她的身体护理对于提升婴儿的自我意识和自我边界感至关重要。正如比昂所说，"自我"不是身体中的头脑，而是一个具有身体和精神属性的自我。遵循弗洛伊德的传统(弗洛伊德，1923)，马勒认为健康的心理分娩对孩子的未来发展和幸福与安全的身体分娩同样重要。人们愈发认识到从分娩那时起，母亲作为产后心理子宫的重要性，它可以遏制婴儿的情绪波动，直到其性格优势发展起来。

马勒的分类研究在今天仍然有用，尤其是在学习障碍这一混合且混乱的领域。在这部分人群中，行为障碍和随后的管理问题是非常突出的。对管理技术最有效的贡献来自准确的心理动力学评估和界定。塔斯廷的工作在很大程度上促进了人们对"不正常"儿童的理解，以帮助照顾者和心理治疗师更好地理解他们的任务。下一章中有两个案例将说明理解精神错乱这个缺乏逻辑的世界是如何对照顾者对破坏性行为的感知和反应产生重大影响的。从不存在的动机和意图的归因中解脱出来，对照顾者和治疗师来说都是一种解脱。至此思维得到解放，所遭遇的问题的性质可以得到新的评价。

第 **5** 章

精神封闭和精神错乱

足音在记忆中回响，沿着那条我们从未走过的甬道，飘向那扇我们从未打开的门，进入玫瑰园。

　　　　　　　　　　　　　——T.S.艾略特，《烧毁的诺顿》（1935 年）

　　塔斯廷的研究深受她之前接受的克莱因式训练的影响，也完全建立在马勒理论的基础上。在詹姆斯·杰克逊·普特南中心工作的一年里，她熟悉了美国儿童精神分析师的工作，并有机会见到马勒和她的同事及坎纳。塔斯廷非常熟悉美国儿童精神病理学中关于体质或"先天性"的争论(兰克，1949；歌德法布，1956；本德尔，1969)，因此她一直小心谨慎地接受某些自闭症可能是源于先天的观点(兰克，1949；歌德法布，1956；本德尔，1969)。她将自己的兴趣明确地限定在自闭症的心理因素上，这一点与马勒将婴儿精神病与某种体质脆弱性联系起来的谨慎态度是一致的。然而，塔斯廷的优势在于给马勒的研究结果带来了一定程度的临床敏锐性和想象力，这启发并活跃了儿童精神病的神秘世界。从她的克莱因式角度来看，她更深入地研究了自闭症现象，并勾勒出她对无意识动力学的看法。研究结果是一张与早期经验相呼应且易受影响的图像，她的许多读者都在自己身上发现了这些经验。

塔斯廷在她的第一本书中列出了自闭症和儿童精神分裂症的不同特征，包括她所说的那些精神封闭的儿童和精神错乱的儿童。她治疗早期精神病方面的经验让她认为精神病儿童和自闭症儿童都沉浸在感官世界中，无法达到精神现实的体验。他们的感觉状态并没有发展，这使他们陷入了无情的孤立之中，被剥夺了人性。在这个世界上，他们无法充分区别有生命的物体与无生命的物体，这就干扰了心理连贯性和可预测性的发展。因此，在人际关系中取得有意义的成就这一点就会受到严重损害。

精神封闭的孩子通常身体健康、身材苗条，但看起来很呆板，对被约束没有任何反应。他们很警觉、敏捷且灵活，甚至到了高度敏感的地步。他们的某些行为和在对某些涉及空间关系而不需要理解人际关系的游戏或活动（比如拼图游戏或电脑游戏）中，往往显示出高智商的一面。

这些孩子很早就出现了退缩行为，有时还会尖叫或发脾气。在语言发展的初始期之后，他们可能会变得沉默或者模仿发音。他们通常会对机械物品着迷，全神贯注于旋转、整理或排列物体或玩具，而不考虑使用它们本身的功能。塔斯廷认为这些孩子选择了让自己远离生活，在他们的成长过程中精神受阻，认为他们的母亲被"封闭"了。因为他们的真实状态往往会隐藏在冷漠、坚硬的外表下，父母和临床医生经常用贝壳来比喻精神封闭的儿童，而塔斯廷将他们描述为"甲壳类动物"。

精神错乱的儿童很有可能有呼吸、消化困难或其他身体问题的健康状况不良的病史。他们通常有笨拙、不协调、粗心大意的表现，不过由于他们很顺从，所以一开始相对来说容易照顾些。他们的身体很容易因与他人发生肢体接触而变化，从而让人们一眼就可以看出来。比如，由于他们的思维与原始的幻想是相混淆的，所以他们的眼睛经常会不聚焦。由于这些表现的波动变化，很难对他们的智力进行评估。虽然他们的语言能力有些许发展，但他们讲话还是常常含糊不清的。无论是在身体的边界方面，还是在自我和外部物体之间的区别程度方面，他们的自我和他者之间的混淆都是相当严重的。

塔斯廷认为这些儿童的精神状态是倒退发展的，而不是被封闭的，并且发现他们对自己身份的混淆使他们更难以治疗。她认为这些儿童与母亲的关系过于开放又缺乏边界，从而使他们变得过于咄咄逼人。因此她用变形虫的模型来表明这些儿童的关系及他们无序的发展是无定形地融合和混乱的。

和马勒一样，塔斯廷认为自闭症是一种以感官为主导的存在状态，是情感培养的贫乏(无论是环境决定的还是体质决定的)导致的。马勒强调的是身体感觉的重要性，认为它是"自我感觉的结晶点，我们将会围绕它建立起认同感"(马勒，1968)。感官状态需要感官-情感连接才能为感官状态让路，而母亲在这方面的角色是至关重要的。这就是马勒所看到的共生体验的必要性。心理诞生就是从这里开始的，使婴儿能够进入心灵的精神世界。这甚至可能会出现一个关键时期，但如果没有情感联系，使个人移情成为可能，并发展基本的人际交往关系，那么智力的增长和发展就会从根本上受到严重的损害。

塔斯廷的两个研究主题——精神封闭和精神错乱，分别描述了自闭性退缩和精神错乱的状态。她认为自闭症（和精神病）是对创伤的极端反应，也就是马勒在共生失败中所设想的创伤。自闭症患者过早地从出生后的心理子宫中分离，所以精神从人类现实世界中退出似乎是为了生存的最后一种保护策略。而儿童的人类潜力被包裹在坚硬、冷漠的甲壳类动物的外表中。

试图传达前语言体验的特性存在一个固有的问题，这促使患者采取了如此极端的做法。

惊吓近在咫尺，这是一个与恐惧截然不同的概念，它承载着一个令人恐惧的物体存在的概念。惊吓包括震惊和意外之意，与通常所理解的创伤含义是一致的。原始的前语言体验已经超越了文字的限制，被比昂描述为"无名的恐惧"（比昂，1967)，这可能是对这种原始的、返祖的恐惧的最佳描述。比昂的这句话既表达了所涉及的恐怖和孤立的程度，也表达了完全没有任何拯救的希望。值得一提的是，比昂的描述还包含了希望可能存在的方向的指示。也就是说，如果这个概念是可用的，那么它也具有文明潜力。识别是命名的必然结果，是区分和辨别的前提。

令人恐惧的是在未知空间中无拘无束、无边界的体验。温尼科特提到了对"无休止的坠落"的恐惧，并将其与婴儿对跌倒的原始恐惧联系起来，这种恐惧有时会在入睡时被重新激活（温尼科特，1958)。对塔斯廷来说，自闭症是患者对这种恐惧的一种防御，用来防止过早和无法忍受地意识到物体的分离性和差异性。她认为坎纳的综合征、马勒的共生性精神病和其他人所说的儿童精神分裂症有一个共同的自闭症特征：他们与现实脱节，特别是与其他有知觉的人的现实脱节。从这个意义上说，这些儿童的生活可以说是"不正常的"，因为他们脱离了自然的生物秩序和人性的源泉。如此原始的错位，在没有意图或动机的情况下，似乎违背了自然规律。

认识到失去客体和失去与客体接触的可能性之间的区别是很重要的。首先必须找到一个客体才能体验失去它的感觉。也就是说，对一个客体的先入之见必须找到与之对应的实现（比昂，1962b)。塔斯廷（和马勒）明确指出，患者在精神病中经历的空虚与失去客体是不同的。在先入之见和实现之间、在先天的期望和实现之间发生的中断意味着这种丧失并不是清晰、有意义的东西，而是被混乱掩盖得更深刻的失去。塔斯廷发现，温尼科特对这种影响力巨大的接触中断的理解与她自己治疗自闭症儿童的临床经验类似：

例如，当婴儿与母亲分离的时期早于婴儿达到情感发展阶段的时期时，他们口腔的某些方面可能会随着母亲和乳房从婴儿的角度消失而遭到损害，而情感发展阶段可能会为婴儿提供应对这种损失的感官。几个月后，对他们来说，失去母亲也将是失去客体，而不是失去主体的一部分。（温尼科特，1958)

温尼科特将这种抑郁体验的终极感受称为精神病性抑郁。这就是成年抑郁症患者经常提到的"黑洞"或"坑"，从中恢复的可能性感觉不大。（"黑洞"现象将在第6章更深入地讨论。）在这个黑暗的世界里，希望并没有失去，而是熄灭了。一位患者说："这种经历就像是掉进一个无底洞，我不得不一点一点地往上爬。"

但是这样做并不意味着我的患者恢复了正常，因为"坠落"取决于她先前存在的客体关系的不稳定性，还有很多强化工作要做。这种关系的脆弱性往往被伪关联或"虚假自我"发展所掩盖（温尼科特，1960)，并且往往直到破裂才被发现。然而，在共生性精神病中，因为早期的自我分裂和碎片化阻止了自我一分为二，因此虚假自我的形成未能发展成一种防御措施。

这就让我们对此产生了疑惑，因为马勒是将其与对分离创伤的第二种反应联系在一起的。在坎纳称之为"先天情感接触中的自闭性障碍的纯文化样本"的综合征中(坎纳，1943)，儿童的依赖感丧失，但马勒最终得出结论：共生性精神病也是抵御依赖和类似的人类依恋恐惧的一种手段。在这种情况下，人类依赖的能力并没有像精神封闭的儿童那样僵化在儿童体内。相反，其模糊的识别能力被牙齿的外层所吸收并保持，从而无法区分自我和客体。现在，以这种方式模糊自我和客体是对分离威胁的防御，而这次在于与客体的融合与混淆，以及对分离的性质的一种完全不同的否认。

关系桥再次丢失，但方式完全不同。为了拒绝这种分离，人们强烈地坚持与客体融合，而这种融合的强度必须得到承认和赞赏。许多研究人员误以为与客体融合指的是相关性，并为此付出了沉重的代价。在这种情况下，无论是儿童还是成年人，都可能在包罗万象的感情和无情的攻击之间发生瞬间的情感转换。过度亲密与封闭之间的顺序可能有很大的不同。这种差异是神经症和精神病之间的差异，而不仅仅是程度的问题。知觉存在质的差异，它同样具有临床意义，并且与神经症和精神病之间的差异一样重要、一样值得重视。它对治疗和技术的影响至关重要。对这种差异的心理动力学的意义，帕德尔（Padel）举了一个很好的例子：

医院里一位病情恶化的患者不断推开护士给他的东西，因此护士无法正常给他喂食。他伸出双臂围成一个"防御圈"来保护自己的脸和嘴不受勺子的侵袭。他不会让任何东西越过这个屏障，并将手上下移动以抵挡所有试图给他喂东西的人。最后，帕德尔医生想到将勺子从他的防御屏障下面递过去，患者才开始顺利进食。（帕德尔，1978）

这名患者的不同之处在于他好像不是从外部获得食物，而是从内部获得精神食粮，且不需要认识到他所依赖的客体的存在。为了避免认识到自己对外部营养源的依赖，他保持着一种错觉，即认为自己在子宫幻想中回到了母体的子宫。

塔斯廷发现精神封闭的儿童更难治疗，因为很难去破除包囊他们的"甲壳类动物"外壳。在精神封闭中，对融合的进一步防御和与客体的混淆意味着治疗任务因反常而变得复杂。伪装与客体的"关系"隐藏和软化了同一个核心，但这是一种激进且疏散的联系方式。这种方式可能会限制治疗师的思维，缩小治疗空间，强化患者的精神防御，且不会有进一步的沟通。因此，这是对患者建立关联、融合客体和抹掉"他者"独立身份的嘲弄。

对精神封闭的儿童来说，他们的潜在关系会受到影响，并且可能无法改变，他们的交往能力也受到了严重的扭曲。他们通过创造一种与客体接触的表象，柔和流畅地隐藏了自身对客体的现实性和所有人际关系的极度仇恨。这种客体关系混乱的本质在于，一旦他们意识到这种令人恐惧和憎恨的分离体验，会立即产生敌对反应。图 5.1 是一名 5 岁的患者画的，充分说明了由此形成的防御性飞地。精神封闭和精神混乱的程度会产生一道屏障，虽然这种屏障柔和且模糊，即使不像自闭症患者的"壳"那样难以穿透，但也是一个棘手的难题。

两个简短的案例说明了精神封闭和精神错乱的儿童之间的区别，以及那些试图帮助他们的人所遇到的不同情况。这两名儿童都在为学习困难儿童开设的特殊学校上学。虽然他们都有严重的学习障碍，但在老师的印象中他们的基本智力还算良好。第一个案例中的患者是一个女孩，她几乎不说话。所以如何与她建立和保持最基本的联系对老师来说是比较棘手的。第二个案例中的男孩虽然具备足够的词汇量，但他说话仍然含糊不清，对此，老师和男孩都感到无能为力、沮丧。

图 5.1 由一名 5 岁的患者绘制，说明了精神封闭的儿童的关系的性质

简（9 岁）

"去吧，去吧，去吧，鸟说：人类承受不了太多的现实。"

——T.S.艾略特，《燃烧的诺顿》（1935 年）

　　教室里只有我、被叫来评估的简、老师和一个男孩。这个男孩也有自闭症的特征，容易爆发严重的破坏性。他躺在阳光下靠窗的垫子上，简也躺在一旁，他们背对着背。简看到我，便转过了头去。

　　我开始和老师交谈，他看到这些孩子表现得很平静，没有受到外界干扰，也不想制造新的麻烦，暂时松了一口气。

　　我给简打了个招呼，但是她没有回应。之前我就怀疑她可能是耳聋，后来证明她确实如此。

　　我决定坐在房间中央的沙盘旁边，看看接下来会发生什么。我开始用手去戳沙子，才几秒钟，简的腿就动了一下。我什么也没说，继续专注于戳沙子。我拿起放在沙盘里的玩具漏斗和轮子，开始往里面倒沙子，使轮子转起来。过了一会儿，简微微抬起头，但没有朝我的方向看，就又躺下了。我能感到她大多数时候都在看我。很难相信她能从躺着的地方看到我，但她的动作和我的动作是一致的。

　　我继续往轮子里倒沙子，在接下来的 15 分钟里简的兴趣开始慢慢地表现出来。她先是坐了起来，然后走到中间来，最后坐在了沙盘旁。起初，她似乎只是在那里，丝毫没有注意到我，似乎是很自然地坐了过来。

　　接着，她把脸凑近沙盘的边缘，心不在焉地伸出一只手在沙子里搅动。然后她坐下来开始玩沙子，让这些沙子从手指缝中流下来。

　　这 15 分钟里我一直独自玩沙轮，现在我把另一个轮子放在沙盘的中间。几分钟后，简开始往这个漏斗里倒了一些沙子，当轮子开始转动时，她发出了欢快的尖叫声。然后我俩继续往各自的漏斗里倒沙子。过了一会儿，我决定往她的漏斗里倒一些沙子。这时候她停了下来，静静地看着漏斗，但没有看我。然后她又继续往里面倒沙子，好像什么都没有发生过一样。接着，我冒险试着在她玩耍时往她的手背上撒了一些沙子，她立马从椅子上跳了起来，像一只受惊的知更鸟一样飞走了，回到她在地垫上的位置，背对着我，再次蜷缩起来。

　　我想把自己融入她的世界的这种尝试做得太过分了，也许是方式欠妥，因此我再次被她拒之门外。对这个孩子来说，她有对生活和人际关系的渴望，但是当她受到惊吓时，又很容易放弃。她的态度不仅很谨慎，而且似乎只有在不承认我们之间的联系的情况下才能加入我。她用眼睛去探索事物，只要在她眼里我与无生命的轮子毫无区别，她就可以好奇地走近我。但是只要我闯入那个用眼睛能探索到的范围，并让我的存在吸引到她的注意时，我立即被她排斥在外。像帕德尔的病人一样，简不得不保持一种绝对自给自足的幻想。

　　如果我转而和她说话，可能会让她与世隔绝的时间更长一些。

因为她有一种惊人的能力，可以忽略耳朵的功能，这一点在我来的时候就很明显了。事实上，她再也不能把我排除在她的意识之外，只能采取外部行动来排斥我。我记得当她还是婴儿时，大家都认为她是个聋人，并且花了相当多的时间来调查她的耳聋情况。

她与世界打交道的方式的这一小插曲表明，对她来说，能够保持警惕是多么重要。一旦有一种体验突破了她的视线，并将注意力吸引到其他感官上，她就会逃离。根据我的经验，精神病患者和自闭症患者的区别似乎与过度依赖眼睛和视觉感知模式密切相关，我将在本书后面部分再谈到这一点。

关于精神错乱的难点——B 的案例

我第一次见到 B 时，他才 12 岁，他已经在一个住院机构住了好几年了。他有时周末会回家过夜，但大概从 4 岁开始，家人就觉得他难以管教了。该案例的社会工作者也很清楚他的父母几乎没有教育能力，即使条件优越，这对夫妇也很难教育好他。这个男孩出现的问题让他们应接不暇，父母根本管不住他。他也似乎完全不受父母的影响。

虽然他可以讲话，但说的话不规范、含糊不清，他说的句子也是断断续续的。同样，他的身体也不协调，动作很笨拙。因此人们都认为他非常懒惰。

不过老师和护理人员都相信这个男孩很聪明，尤其是他在得到自己想要的东西时表现出的小聪明。正如坎纳所描述的那样，经典的自闭症似乎与这样一个事实相矛盾，即他想要并试图为自己获得一些东西，特别是食物时，他知道可以利用他人来实现这一目的。此外，他还能集中最低程度的注意力，而且已经学会了一点阅读和数数。

在为有学习障碍人士开设的特殊学校中，像 B 这样的儿童表现出了一定的潜力，并受到了老师的欢迎。如果没有特殊学校，那些老师在很大程度上会去教那些所有在 1983 年《教育法案》颁布之前被认为"不可教育"的儿童。在这样困难的教育领域中，精神错乱的儿童吸引了他们的教学兴趣，也可以理解为激发了他们的教学热情。不幸的是，这些老师最初的自信很快就变成了沮丧和失望。精神错乱的儿童可能会挫伤老师们的士气，因为老师们立志要教好这些看起来有学习能力只是表现得懒惰的孩子。

我是在例行拜访一位这样的老师时来到这里的，这让我松了一口气。"谢天谢地你来了，"她接着说，"他今天表现得很糟糕。他正在往上爬，想要从窗户跳出去。我不知道该拿他怎么办，他这样做很危险。"

这个老师当时一直和 B 单独在房间里上阅读课。我看到她坐在桌子的一边，男孩坐在另一边，老师坐的位置把他紧紧围在了角落里。很明显，除了从窗户跳出去，他别无选择！

老师很高兴男孩会一点阅读，决心让他进一步提高自己的阅读能力，并一直在努力地让他完成目前的任务，她认为这也是他力所能及的事情，并且她认为男孩是因为懒惰才拒绝完成任务，因此试图坚持让他集中精力继续做下去。当他不断从座位上站起来，在房间里走来走去时，老师就顺势把桌子移到了角落里，想要让他停下来并坐在那里。老师想要以这种方式向他表明只要集中一点注意力，他就会成功。然而，她越是坚持想要控制他，这个男孩就变得越绝望、越抗拒，而她就越坚定地想向他表明只要他尝试，他就能成功。

她完全没有意识到她的这种策略给男孩带来的恐怖正在一步一步加剧。在她看来，这只是为了教他集中注意力。但是作为一个几乎无法忍受情感接触的孩子，他经历了创伤性的迫害，甚至被逼到了绝望的境地。当我到达时，老师被迫坐在桌上，以阻止男孩爬上窗台。

在这种情况下，因为老师坚信她正在进行一场力量的角逐，所以让她知道这个孩子可能处于恐慌状态并不容易，只有让她自己观察一段时间才会明白。

最终，在仔细考虑了老师的观点，并对男孩的行为做出解释后，老师的教学方法才得到了相当大的改进。当更好地理解这个孩子和其他孩子的局限性时，结果营造了一个更温和的课堂氛围，并重振了老师的士气。调整老师的期望，并不是像人们担心的那样是在鼓励懒惰，这样做并不会降低成绩水平，反而对加强课堂交流和合作有很大帮助。

很难去衡量这些孩子，也很难在他们中间保持一种平衡。纪律严明的秩序和例行公事的方式对消除精神错乱、培养安全感和可预见性至关重要。与这些孩子的合作不能预想是友好的，因为每当孩子们在合作过程中必须容忍挫折时，这种合作在他们那里可能会在瞬间转变为敌对的愤怒。这不是忘恩负义，也不是报复，犯这样的错误会使本来就紧张的局面朝着恐慌的方向升级。

老师需要的是在面对孩子们的爆发和精神错乱时具备一种稳定、克制的反应，且不会增加对孩子们的迫害。这样的反应需要照顾者或老师非常成熟和老练，因为他们自己的情绪平衡和士气可能会受到精神错乱的孩子的严峻考验。

第 **6** 章

精神灾难和黑洞

精神病不是没有压抑自我的初级过程；精神病代表存在着奇怪的转变的初级过程和次级过程。精神病不仅仅是原始的；它是怪异的。

——格罗特斯坦（1989 ）

早在天体物理学家首次报告他们在宇宙中发现了黑洞之前，弗朗西斯·塔斯廷就从她 3 岁的病人约翰那里了解到了他的"黑洞"经历。塔斯廷在她的第一本书中介绍了这一临床材料，并为精神分析研究开辟了一个全新的理论和技术领域（塔斯廷，1972)。她继续在后来的书中扩展这些思想（塔斯廷，1981，1986)，其中她对"黑洞"现象学的研究成为她对精神分析最重要的贡献。在此之后，其他精神分析学家开始注意到在有原发性精神障碍的患者的材料中提到了类似的经历(斯·克莱因，1980；金士顿和科恩，1986；格罗特斯坦，1986)。精神病患者似乎早已熟悉了"黑洞"。

格罗特斯坦，比昂的分析者，和塔斯廷一样，在对"黑洞"体验现象的详细精神分析研究中，提升了我们对精神病患者世界的理论理解（格罗特斯坦，1989）。他承认，塔斯廷对自闭症儿童的研究做出了开创性的贡献，这为他后来在分析成人原发性精神障碍患者时的发现作了补充。我非常感谢他阐述了"黑洞"概念在天文学和物理学中的科学应用与将该术语用作具有原型内涵的心理模型之间的相似之处。

格罗特斯坦发展了他自己和塔斯廷的观点，并在修正弗洛伊德和克莱因的理论时发扬了他们的思想，以涵盖他们对此都无能为力的心理学及其精神病理学。精神分析在传统上基于一种不同的范式，涉及能力及精神器官和本能驱动需求之间的冲突，通常将精神病理学与嫉妒和内疚的心理破坏性及对其的防御联系在一起。

塔斯廷和格罗特斯坦都认为虚无和无意义的创伤是人类经历的最低谷。存在感的湮灭、身份的丧失、不可避免地陷入虚无和无意义的状态，这些都被视为人类最可怕的经历，而不是精神病。这个说法似乎在为精神病提供辩护。这种基本的"零"体验被描述为"黑洞"、深渊和空虚，它与器质性焦虑有关，是创伤的缩影。对生存的恐惧超越了精神焦虑，为患者带来了一种新的、更原始的恐惧，其中"命运"比"内疚"更重要。更大的威胁不是来自对自我本能驱动的破坏，而是来自对自我和客体即将分离的恐惧，以及对混乱和无意义状态到来的恐惧。

现有的威胁

　　其他许多精神分析学家和思想家已经注意到并研究了这种本体论的不安全感，但没有人能够像塔斯廷一样通过她自己对自闭症儿童经历的敏感研究所做的那样去启发人类头脑中如此晦涩的领域。她把对自闭症儿童所经历的世界的想象描述为他们把所有"非我"的经历都拒之门外，而把自己囚禁在感官主导的监狱里……这些描述生动形象，令人回味无穷。她的写作有着诗歌般的直率，也承载着深刻的信念。然而，这种信念需要证据和理论的支持，但前语言体验成为研究对象时，一切工作就变得格外困难。对此的概念非常复杂，本质上来说就是很难与患者沟通并让其理解的。

　　萨特的《存在与虚无》出版于1943年，是第一部论述个人心理体验和存在感的哲学著作。1946年，斯皮茨（Spitz）写下了他观察到的精神病院儿童严重退化的生活情况，并将其命名为"依附性抑郁"。比布林 (Bibring)（1953) 称这是"原始的"抑郁症。而温尼科特 (1960) 则谈到了一种婴儿期的精神病性抑郁症，这种抑郁症患者觉得自己面临着"无法继续存在"的威胁。1960年，莱恩（Laing）对此撰文写道，自我爆发和对精神吞噬和僵化的恐惧是对人类思想的最极端的本体论威胁。马勒 (1961) 则认为婴儿期抑郁开启了精神与现实决裂的体验，而比昂 (1962b，1963) 则把它描述为患者经历的一场心理创伤。

　　根据比昂的说法，这种婴儿期创伤造成了他们人格上的极度分裂，这种分裂与防御型抑郁症的分裂截然不同。这种分裂由经验的不连续性构成，也许可以更精确地称为切片（里森伯格，1990）。这种分裂因可以同时容纳不兼容的想法的能力而最容易被识别。

　　由于情感的暴力与破坏性没有区别，因此感觉与思维之间的联结被切断了，心理满足与物质满足之间的分歧逐渐形成（比昂，1962b）。对精神联系的破坏性攻击决定了情感是否存在，这种攻击使有意义的事情得以形成。同样，巴林特（Balint）（1968）把情感的"基本断层"比喻为地震，指个人体验世界的能力发生了严重的断裂。

　　无论如何描述或表现，对于早期心理和发展自我意识的原始早期破坏的重要性，都有一个共同点。那就是无论是主观的还是客观的，当对攻击的恐惧强烈到足以抑制婴儿获取食物的本能时，机体的痛苦会带来精神错乱的混乱状态。这种破坏在生理和心理层面都存在。它是精神病的前兆，可能会也可能不会转化到精神病层面。如果发展中的心灵受到严重威胁，那么新生的自我感觉注定不会形成。

　　这种状态的心理转变，有可能就是精神病。如果这种破坏没有转化到精神层面或者没有精神上的问题，那么接着就会进入婴儿自闭症状态。在这种状态下，原始自我的元素要么以封闭的形式存在、要么以混乱的形式存在，但本质上都处于死寂状态。正是通过这种方式，思维和感觉之间的毁灭性分裂摧毁了患者对所有感觉的知觉，从而使母亲的乳房和婴儿看起来都是无生命的。这意味着自我不再具有其主要的身份识别和区分功能。如果没有基本的、有活力、有物体的定向灯塔（马勒，1961），即"初级身份识别的背景存在"（格罗特斯坦，1980)，也就是说，如果没有原始的投射-内向投射过程形成认同和意义的情感关系，一个毁灭性的"黑洞"就会让患者经历抑郁。抑郁使生活变得混乱，并且随时可能爆发。与生俱来的建立有意义的情感联系的倾向，有助于创造一种连续性的存在感，不过这种倾向本身就被破坏了。

精神病是一种防御手段

现在的情况需要用一个不同的动态系统来理解它，这就是格罗特斯坦试图用混沌和自我调节理论来补充心理动力学理论的地方 (格罗特斯坦，1989)。因此，我们可以通过心理动力学理论和符号解释以及混沌理论的应用来理解以所有精神障碍为特征的、专属于原始精神障碍的情绪动荡。

他提出自我调节是一个动态系统，这个系统解释了自我在生物 - 心理和心理 - 生物层面上的稳定性。虽然痛苦的感觉是极端的，但当它的性质或意义无法被识别时，这种情绪动荡可以通过自我感觉和运动来调节。虽然其中的一些调节活动可能类似于常见的母亲安慰婴儿的方式，比如摇晃。但自闭症患者缺乏这样的概念，这意味着他也可能用伤害性的活动来安慰自己。自闭症患者具有的仪式感、刻板印象和自我肢体摇摆都证明了当他们的基本自我意识受到威胁时，在这个层面上存在自我调节。这是抵御精神错乱和无意义"黑洞"的最后一道防线。自闭症患者的仪式感和刻板印象在试图堵塞这个洞，但是当他们的心灵因恐惧而冻结，处于深渊的边缘时，就无法将创伤转变为怪异的精神错乱世界。因此如果没有精神病作为防御手段，就必须在自主的、体质的感觉 - 运动领域实现心理 - 生物层面的动态平衡。

在日常生活中，调节和教婴儿调节原始恐惧是母亲职责的一部分，这也包括在比昂的涵容（containment）概念中。他指出，母亲有能力容纳婴儿对死亡的原始恐惧，并将其转变为婴儿可承受的感觉，这一点至关重要（比昂，1962b）。温尼科特的"抱持性环境"概念的关注点在于母亲是通过身体上的安慰和安抚这种非心理功能来调节的。而鲍尔比 (1969，1973，1980) 则认识到情感意义的建立是精神依恋和联系的一个重要因素。对自闭症儿童的身体进行摇晃、轻轻拍打是没有意义的，因为这种恐惧不是由外在影响来调节的。这是一种对精神无休止地坠落、耗尽、融化或消失的恐惧的有节奏的自我调节尝试。因此自闭症患者的精神被锁定在一个没有情感意义的混乱世界中，他认为这个世界是变化的，他只能以绝望和无意识的方式对此做出回应。

现在，数学理论家发现混沌不是随机的，而是受其自我调节机制影响的。因此，格罗特斯坦假设精神病是一种自我调节障碍，也是一种象征性功能障碍。他认为创伤本身就是一种"接近随机性的体验，近乎灾难性的无意义"（格罗特斯坦，1989)。精神错乱代表患者的精神正在向无序状态发展。这种程度的精神错乱和凝聚力的丧失突破了心理领域，转移到了躯体-心理、感觉-运动领域。患者进入这个领域后会试图重新获得控制感。这是格罗特斯坦继塔斯廷和比昂之后提出的假设：心理-生物稳定（感觉稳态）是心理成长过程中个人和情感互动的先决条件。在感觉稳定和安全的基础上会产生超越感觉-运动组织的能力，这种能力允许产生和评估意义，并允许对心理内容进行分析。

1969年，美国科学家约翰·惠勒(John Wheeler)引用霍金（Hawking）在天体物理学中(霍金，1988)的"黑洞"一词时提出心理上的"黑洞"与静态空洞是有区别的。而格罗特斯坦也谈到了这种"令人无能为力的可怕力量"，表现为一种向内爆发的向心力，塔斯廷也明确表示"黑洞"不是一个空洞，而是一个人掉下或落下的空间。而幻觉是指某些东西已经消失或永远丢失了。如果一个人感觉天都要塌了，那就是缺乏安全感，就会产生一种原始的恐惧，害怕自己掉进虚空或"黑洞"里。

患者把这种经历称为深渊、无底洞或坍塌。"黑洞"一词正好生动地表达了这种强烈的自我中断，失去了存在的意义。这是一种黑色的精神性抑郁症，它消耗或吞噬了人格，让人感觉失去了生存的基础。不仅如此，它还代表患者遭遇了巨大创伤和精神错乱。"黑洞"不是一种虚无的空间，而是一个消极的空间，是一个扭曲和颠倒的世界。同样，"黑洞"是一种幻觉症中所转化的消极环境（比昂，1962b)，在那里有极度扭曲的法则，也有比昂所说的"古怪客体""无名之痛"和"被摒弃意义的目标"存在。

弗洛伊德将这些消极的过程理解为"精神恢复"，并在他对施雷伯（Schreber）病例（弗洛伊德，1911）的叙述中做出了很好的解释。
当患者精神恢复失败时，自闭症将是一种终极的世界末日体验。除
了在精神病的扭曲中找到解决办法的意义和消极意义之间的冲突，
还有从生活经验中的最终退出，以及弗洛伊德在他的术语"去投注"
（Decathexis）中所认识到的完全的精神耗竭。

　　心理"黑洞"有不连续性，这一点与宇宙黑洞内奇点的数学计
算有惊人的相似之处。"在这个奇点上，科学规律和我们预测未来的
能力将会崩溃。"（霍金，1988）在人类生物 - 心理崩溃这一点上说，
由原始的内向投射 - 投射过程提供的心理环境也会随之崩溃，从而破
坏构思内部心理空间的能力。在这种情况下，婴儿进入一个以感官
主导的世界，依赖于与客体相关的具体的、黏合性的形式（比克，
1968；梅尔泽，1975）。

　　目前在实证研究领域，有关心理"黑洞"的证据越来越多，并
且已经证明自闭症患者不会构思精神状态。自闭症儿童似乎没有能
力或严重削弱了他们利用"假装游戏"的能力（瑞克＆温，1975）。
他们不会使用二级信息，而只能用有限的一级信息来表达周围的世
界(莱斯利,1987；弗利特,1985)。拜伦·科恩（Baron-Cohen）(1985)
等人的研究表明，自闭症儿童没有同理心或想象力。这也和普遍的
观察结果一致，即这类儿童对待物体和人都是一样的。他们没有心
智的概念，所以不能想象他人的精神或情绪状态。

塔斯廷的观点

塔斯廷理解自闭症的消极面和致命性的方法似乎与数学和天体物理学的理论和抽象相去甚远。她的结论是基于自己试图与儿童沟通的观察，这些儿童似乎处于无法理解和无法关注自己被孤立和被困住的境地。在与这些儿童打交道的工作中，她发现他们身处一个畸形和扭曲的世界，在他们的世界里问题就不是问题了，因此不适合运用客体关系理论来解释。克莱因在她的论文中提到她的患者迪克也有过类似的经历，"他把我看作一件家具一样围着我跑"，她也对患者的行为与理论上的不一致感到困惑。在自闭症被发现的 10 年前，她只能得出结论说儿童的"发育遭到了抑制，而不是退行"。她将此归因于"一种完全且明显的、无法忍受的焦虑"（克莱因，1930）。

缺陷型精神病理学必须与防御型精神病理学区分开来，这就是塔斯廷必须引入新技术的地方，而这些新技术不同于她作为儿童心理治疗师所接受的培训。基于防御性冲突和抵抗的解释并没有解决她遇到的与之前截然不同的问题。例如，当孩子似乎生活在一个没有意义的世界里，治疗师在孩子眼中不存在时，对治疗师和孩子聊天的内容和意义进行研究根本没用。当他们在完全没有语言沟通的情况下，首要任务是要找到一种方法让患者理解治疗师的存在。但前提是需要让孩子参与进来，如果必要的话，需要"重新吸引"他的注意力（阿尔瓦雷斯，1980），以便研究聊天的意义。

　　1954 年，塔斯廷加入了波士顿的詹姆斯·杰克逊·普特南儿童中心，她与自闭症儿童一起工作的经历始于一场名副其实的"严峻的考验"。在那里，她承诺与自闭症儿童一起生活并在自己家中照顾他们。这是该中心临时照顾计划的一部分，以减轻自闭儿童的父母的负担。虽然这段经历让她对这些任性古怪的儿童的治疗没有抱有任何幻想，但她仍然有兴趣并想要挑战如何与自闭儿童的重新建立有意义的联系。

　　在第一次遇到自闭儿童之后，多年的临床经验让在她治疗小男孩约翰（她在所有书中都提到了约翰）时，对自闭症的理解有了突破。这是一次给她带来启迪的经历，因为她开始认识到失去客体和幻想失去自我之间的重要区别。她治疗这名小男孩的临床经验证实了温尼科特关于早期喂养障碍的论点，并赋予其意义。温尼科特在该论点中提出自闭症儿童在与母亲融合和混淆的早期护理经验中，不再通过乳头进食这一表现可以被理解为口腔的部分感觉的丧失。正是这种洞察力让塔斯廷能够对"黑洞"有进一步的研究。

心理上的诞生

　　塔斯廷用出生的比喻来描述她对自闭症的理解，她认为自闭症儿童在充分具备心理结构之前，不得不过早地忍受心理现实的猛烈冲击。自闭症儿童的心理从与人共生这层膜上过早地被"剥离"，暴露在"原始的"情感生活中，而不是由一个涵容的客体改变来调节并赋予这段经历以意义。这时自闭症儿童还没有产生囊括与他人关系的心理空间的概念，就被迫进入一个无穷无尽的空间，这个空间被认为是一个"黑洞"。正如一位病情严重的强迫症患者在她的治疗过程中总是坐着，她说感觉自己真的被"黑洞"包围了，总有跌入其中的危险，因此吓得不敢离开椅子。这位患者从小就对自己有不确定的感觉，她感到自己格格不入，也不被人认可。毫无疑问，她记忆中的客体无法给她提供安全保障，因此她很难接受教育。她经常提到童年时的经历，说自己总是害怕母亲为了控制和惩罚她而夺走她的东西。

心理的诞生与母亲对婴儿的身体护理及其需求密切相关。母亲的照顾促进了婴儿重要的自我约束意识的形成。正如比昂所说，"自我"不是身体中的头脑，而是一个具有身体和精神属性的自我。而弗洛伊德则说，自我首先是身体的自我，它赋予身体感觉以首要意义（弗洛伊德，1923）。对此，奥格登创造了"自闭-毗连位置"一词来表示存在感这种最原始的心理结构产生的感觉基础（奥格登，1989）。

婴儿甚至不能接受拥抱，不会打有节奏的节拍，不能用感官识别刚与柔，他们的感觉也缺乏一种"持续存在"的周期性。可以说，让婴儿独自面对现实，就像是让他们面对飓风、暴风雪或火山喷发等恶劣气候变化（温尼科特，1956）。面对这样的困境，从心理世界猛然退到感官世界给患者留下了一种完全被遗弃的感觉，就像被独自留在了沙漠中央或后核时代的荒原。精神病患者的梦中通常也会出现这两个场景。

塔斯廷说自闭症的症结在于发脾气。愤怒的爆发是一股白热，融化了患者人格成长和发展所依赖的个人移情桥梁。爆发的时机是内在的，也是至关重要的。塔斯廷认为自闭症是对早期创伤的一种反应，把儿童的心理过早地暴露在身心分离的现实中，以至于他还不能接受这种创伤。

当儿童的意识不能接受脱离母亲照顾时，由此导致的"显现的自我"（斯特恩，1985）的"黑洞"心理空间里就会产生"意识的痛苦"（塔斯廷，1986），这让他们无法忍受。母亲和儿童的共生养育几乎会因这种痛苦意识的产生而被摧毁。由于无法利用共生关系，但是又需要摆脱一种无法忍受的生命意识和与有生命客体的关系，儿童的精神就会被困在这样一个原始的、空虚的感官客体的世界里。在这种以感官主导的状态下，不再有情感和认知发展，而依附于感官的自闭行为则会持久发展并僵化。病理性自闭症通过将关系限制在具体的和视野范围内的事物上，以达到消除心理面对的未知和不可预测的事物的目的。

在对约翰治疗过程的临床资料的分析中，塔斯廷生动地描述了她是如何理解约翰遭到毁灭性创伤的幻觉的。约翰把红色纽扣看作母亲的乳头，这时塔斯廷认为约翰那无所不能的幻觉其实是把自己的身体与物体融合在乳头 - 舌头群的口腔感觉中。她思考的中心是乳头，而不是乳房。而"红色纽扣"乳头成为共生情感对象的关键象征。如果在这个感觉群还不能区分乳头 - 舌头、嘴 - 乳房的感觉关系时就遭到了现实的创伤性冲击，那么他们的同理心和涵容潜力就会被摧毁，并产生强烈的后遗症。

当共生对象的预先构想不能实现时，就没有以母亲作为发育基质来为他的认知发展提供结构，那么患者也就无法产生赋予感官知觉意义的感觉。这就好像神经学上的"自我感觉"（米勒，1978）在出生时就已经消亡了，对关注客体的认同能力也会随之消失。自闭症儿童并不是从与母亲合一的共生幻觉中"孵化"出来的（米勒，961），而是过早地从心理子宫的安全庇护所中转而暴露在一个可怕的、"非我"的无边世界中。因此，他们自我僵化的感觉被投射到一个非常遥远的距离。

母性功能的丧失导致自闭症个体的僵化，这不仅意味着自闭症儿童不能容忍客体，也意味着他们失去了对客体的心理转化能力（博拉斯，1979）。他们缺乏将生活事件转化为思想、感觉和梦想的精神实体的条件，意味着失去了比昂命名的阿尔法（α）功能思维的基本过程。没有阿尔法功能，未进行加工处理的东西（β元素）(比昂，1962b) 既不是精神上的，也不完全是身体上的，而是在理解和意义的潜意识中造成了一个理解的缺口或一个漏洞。

塔斯廷找到了许多图片来传达她对自闭症的理解，这些图片看起来特别与众不同。她肯定了比昂关注的心理创伤，并补充说心理创伤是过早或照顾不当的"心理分娩"的结果，这种创伤会给患者造成认知抑制和功能障碍，这正是自闭症和精神病的特征。在自闭症儿童的古怪行为中，她发现了这些儿童在遭受创伤之后的半衰期。在这期间，他们始终存在着"黑洞"抑郁症的威胁。

虽然自闭症是一种极端的情况，但塔斯廷也阐述了一种精神病患者、神经症患者和一些所谓的正常人都可以识别和理解的体验水平。她用图形来对创伤理论进行了补充，并让人们注意治疗重点（技术和理论）的重要转变，这对精神病的治疗至关重要。她甚至还补充说，如果要实现真正的个人成长，所有患者都要独自面对现实，这也属于自闭症范围。这些见解固然重要，塔斯廷却并不想将她对自闭症状态的想法融入现有的精神分析理论中，而且在她的书中也没有完全阐释清楚是如何应用这些想法的。

第 **7** 章

意识的前沿

我们只需要说，人类知识有两个根源，即感性和理解，这两者
可能有共同的起源，但对我们来说是未知的根源。

——伊曼努尔·康德，《纯粹理性批判》（1787 年）

塔斯廷在儿童心理治疗中引入的新概念得到了许多临床医生的
认可和赞赏。到了 20 世纪 80 年代，特别是在欧洲，她开始发扬自己
的理论并有许多拥护者。虽然她的理论具有不确定性，并且英国分
析师和儿童心理治疗师也对此持谨慎态度，但当时国外的研究者比
英国的研究者对自闭症的精神分析方法更感兴趣。而在英国，行为
主义和学习理论在自闭症研究及其治疗中占主导地位。尽管她提出
的许多概念在临床上是有用的，但是她的思想和理论结构与经典的
精神分析理论并不完全相符。自闭症儿童的僵化和"黑洞"体验是
"过度"投射的结果，还是因为过早地遭受了一些创伤而阻止了原始
的偏执-分裂组织的发展？

随着越来越多的人将自闭症看作对早期心理过程的一种破坏，

关于这种现象和这种理论是如何从弗洛伊德发展到克莱因、比昂和其他后克莱因学派成员的疑问也越来越多。在过去的 10 年里，许多心理学家对原始焦虑的性质进行了更深入的研究，其中包括偏执型精神分裂症的形态，至今仍被广泛认为是心理组织最原始的形式（米勒，1968；罗森菲尔德，1987；索恩，1985a；斯坦纳，1991；约瑟夫，1982）。但是除了梅尔泽外，大多数精神分析学家都是根据他们对成人精神病和边缘型精神病患者的治疗经验来发展他们的思想的，但不包括自闭症患者。另外，塔斯廷的报告几乎是完全基于与儿童一起生活的工作来写的，并且她专注于研究自闭症和精神病病例。从问题的两端出发，这两种研究精神病的方法可以说就像从隧道两边相向出发一样，注定要在中间某个地方相遇。其中格罗特斯坦（1985，1987）和奥格登（1989）对精神病的进一步研究极大地推进了这一过程。

塔斯廷（1972，1986）、比克（1968）、梅尔泽（梅尔泽等，1975）和罗森菲尔德（1987）都受比昂的影响，将他的容器 - 被容纳理论应用于对精神病和自闭症障碍水平的理解，认识到身份丧失和无法自洽是最严重的焦虑。这似乎对克莱因的偏执型精神分裂症理论做了一些修改，但并未阐明。其中除了梅尔泽提出的"黏附性认同"外，在理论上没有重大分歧或修正。其实塔斯廷本人并不完全清楚自闭症儿童是否已过早地遭到原始的偏执型精神分裂症机制控制。对于他们的心理"黑洞"是由过度投射造成的，还是他们的心理"黑洞"阻止了这种功能的运行，她谈到了爆发性的投射和原始联系的缺失。

奥格登重申了塔斯廷对以身体为中心的体验模式的重要性的强

调，并提出了自闭 - 毗连位置来表示人类体验"自我"感觉的原始模式。这强调了感官体验世界的重要性，感官体验世界本质上是属于心理发育前的一种阶段，却是心理生活和精神状态的重要先兆。在这种感官基础上的精神干扰会给人带来不安全感，造成精神上的破坏。它阻止身体被涵容感觉的出现，而这种感觉是心理包容的前提。

在奥格登看来，偏执 - 分裂位置不再是人格组织的最原始水平。对此，他提出了一个新的术语——"自闭 - 毗连位置"，来代表比感官主导模式更早的状态。但是，比昂让大家注意这两者之间存在动态关系，而不是将它们视为发展顺序中的某种位置，从而为克莱因的抑郁位置和偏执 - 分裂位置理论做了重要补充。奥格登用自闭 - 毗连位置一词将第三方引入了经验辩证法，并承认塔斯廷、比克和梅尔泽对这个概念的形成所做出的贡献（奥格登，1989）。

从原始的偏执 - 分裂体验中识别和区分这种意识的终极边缘，并超越这种焦虑水平，具有重要的意义。它属于经验领域，在这个领域中首先产生的是精神意义，其中感官印象组织被囊括于感觉或思想的心理素质中。对这种经验水平和经验转化的焦虑特征表现为对失去感官界限、感官完整性或连续性的恐惧，而恐惧则是精神的消耗殆尽或精神的瓦解与堕落。这种器质性焦虑是这种感觉层次的组织所特有的，也正是这种程度的焦虑在自闭症中占主导地位，并用精神病来作为防御手段。

连续性

　　奥格登将自闭 - 毗连位置概念化为最原始的心理组织形式，从自闭症儿童出生就开始起作用。他甚至认为使用"心理"一词也是有问题的，因为儿童精神的有关组织是将原始感官数据按前象征秩序排列成有意义的内容。而比昂使用阿尔法（α）功能一词来表示这种最早的活动过程，使用 β 元素来表示元素数据。考虑到其心理原始性，他将其称为"原始心理"活动。在追寻这些原始感觉起源的心理发展过程中，比昂的思想及其追随者的工作，为架起生物学和心理发展领域之间的概念桥梁提供了机会。迄今为止，严格地将这两个领域视为相互排斥的这一科学态度阻碍了对生物 - 心理联系和发展连续性的探索。

　　奥格登重新排列了感官体验模式在人类心理发展中的顺序，扩展了精神分析理论。在该理论中，人类体验被视为三种心理组织模式的相互作用，这带来了奥格登在整合能力方面的进步，并且保留了组织各个层面所特有的焦虑形式。焦虑的不同模式与每种体验模式中发生的中断或脱节的性质有关。患者处于抑郁状态时，干扰是针对整个客体关系的。抑郁症患者此时所经历的感觉是人际层面上的，害怕伤害或被客体伤害。而偏执型精神分裂症焦虑涉及自我或客体分离的威胁，以及担心自我和客体的爆发与瓦解。处于自闭 - 毗连位置时，这种破坏因感觉上的凝聚力和身体表面包容的体验受到威胁，而焦虑则表现为精神永远消失、瓦解或堕落的恐惧。原始客体关系受到被客体吞噬和融合的恐惧的威胁，而整体和部分的客体关系则受到与客体混淆的干扰。

　　生活中所有或任何一种形式的焦虑症都可能持续引起情感障碍或精神疾病，其抑制性或破坏性也会受到生活事件和经历的影响。克莱因对精神分裂机制的研究极大地促进了对焦虑的定位和精神治疗中心目标的识别，进一步发展了精神分析技术。现在的研究水平更先进，它能识别出无法形容的生存恐惧所引起的更深层次的恐惧，并且这种恐惧主要以自闭症的非语言和前语言的形式来传达。

　　现在的假设是，自闭症的形式和"黑洞"瘫痪可能是治疗僵局、消极治疗反应和无休止、毫无意义的思想对话问题的促成因素，治疗集中在偏执的恐惧，未能认识到和欣赏自闭症"黑洞"动力学的意义。

　　罗森菲尔德虽然没有特别提到自闭症现象，但他设想精神病的核心焦虑程度正在下降这一点与自闭症非常相似，他认为这与分娩经历和脱离子宫保护有关。因此，他坚持认为掌握患者的非语言投射能力对治疗精神病患者至关重要（罗森菲尔德，1987）。另外，塔斯廷在一篇论文中引用了早前的一篇提到需要关注神经质患者自闭症水平焦虑的文章，她还指出存在隐藏的自闭性封闭阻碍了精神分析工作（塔斯廷，1986）：

　　如果分析师越早意识到患者这一隐藏部分的存在，那么在分析过程中产生无休止、毫无意义的思想对话的危险可能性就越小，患者实现相对稳定的平衡的可能性就越大。尽管分析师必须忍受患者的焦虑，但我认为最终结果是值得的。（克莱因，1980）

　　我在自己的临床工作中发现，从自闭症的角度来看的话会更容易理解他们的许多强迫行为（斯彭斯利，1992）。例如，一个焦虑又固执的女人，虽总是日程繁忙但还是来找我谈话，谈话中她似乎千方百计地描述了自己在生活中犯的错误。对此，她认真地谈论了自己需要改变的地方，哪些方面她认为得到了我的帮助，以及在哪些方面我又没有帮助到她。她经常会感到绝望，因为她一直害怕找不到男人来组建家庭，结婚生子。

　　在和她的谈话中，我找到了许多自己需要试着从潜在的动态方面来理解的素材。不过到了最后，一个似乎与所有这些材料无关的因素开始出现。结束谈话对她来说很困难，且开始上升到令人不安的程度，在治疗结束后，她可能需要长达 10 分钟的时间才能从椅子上站起来。我想她可能是对我不满意，也可能是对分离感到焦虑，而这两种焦虑都对她的行为产生了不同的短暂影响。直到我意识到整个谈话及交谈内容阻碍了而不是促进了与她的交流时，我才能够转移谈话的焦点（比昂，1962b），将焦点集中在已经被她的固执完全掩盖了的沟通恐惧上（比昂，1962b)。我仍然封闭并保护着她那充满活力但非常脆弱的自我，结果她根本没有对我谈及这部分内容。相反，作为一个患者，她表现得很好。

　　最开始的时候，她觉得自己有点受伤并且有点愤怒，因为尽管她很明显地表达了对此次谈话的兴趣，但是我认为她根本没有真正参与进来。不过，她最后还是承认了这一点，但说如果自己接受我，就会没有自己的空间，她非常担心自己真的会崩溃。我稍后会更加详细地描述这位强迫症患者的情况。此时，我只想说明这种非语言的沟通是如何成为最有意义的交流的，直到我理解这位有潜在自闭症的患者拒绝与我交流是想扭曲这次谈话目的时，我才得以继续跟她聊下去，她才能再次正常结束会谈。直到那时，我才意识到与她谈话时我所看到的比我听到的更有意义。

死亡本能和对灭绝的恐惧

奥格登的理论贡献极大地帮助塔斯廷将原始感官世界的直观概念纳入精神分析理论的传统。同样，塔斯廷的"黑洞"体验概念也在格罗特斯坦对死亡本能理论的延伸中找到了一席之地。这两位美国作家都承认他们是受到了塔斯廷临床直觉的影响，但塔斯廷新的和原创的概念也是通过他们才得以在现有的理论结构中得到说明运用的。

正如已经在第 6 章中描述的那样，格罗特斯坦的研究通过识别"黑洞"体验中新的无能为力和无意义动力，强化了他对原始的偏执-分裂恐惧的观点。他明确地描述了另一种明显区别于偏执-分裂位置的独特的精神组织层次，并认为它出现得更早，这是对奥格登关于这一前沿研究的补充。

弗洛伊德 (1920) 首先提出死亡本能概念，并在克莱因关于原始虐待性和破坏性的理论中得到认可。格罗特斯坦认为死亡本能是一种拉康式意义上的一种"能指"（拉康，1973），是一种更深层次的恐惧——心理的死亡，这是"比生理死亡更糟糕的命运"。换句话说，死亡本能传达了一种固有的预想，是这种"黑洞"命运的先兆。因此，死亡本能的概念得到了强化，包括对心理即将死亡的警告，以及预示着人类精神的熄灭、存在的灭绝、人性（"所指"）的丧失。而精神病则是对这场灾难的最后一道孤注一掷的防御措施。从这个角度来看，精神病在确保自我和物种生存方面具有重要的积极作用，但这种积极的作用常常被忽略。

格罗特斯坦将天文学中与星系空间相关的概念和死亡本能概念的延伸结合在一起，总结如下：死亡本能提醒我们，我们都畏缩在"毁灭的精神损耗"的"黑洞表面"，即我们都身处无序状态和虚无中（格罗特斯坦，1989）。

塔斯廷、奥格登和格罗特斯坦都致力于将精神分析研究推向人类经验的最前沿和人类理解的边缘。塔斯廷强调"悲伤感存在于所有人类的内心"，即对身体分离的意识。这种意识随着分娩后必须进行的心理诞生而产生，而奥格登关注的是产生经验的原始模式。在格罗特斯坦看来，婴儿出生时处于一种基本无意义的"抑郁状态"，必须要有两个媒介将其从中解救出来。第一个媒介是母亲提供包容、理解和情感滋养的能力，第二个媒介是婴儿自身利用其偏执-分裂机制来调节自己最初的无组织状态的能力。为此，只要有一个令人满意的母体环境，并且在早期阶段没有任何来源的先发制人的干扰，婴儿就可以利用自己固有的先天优势来调节这种早期水平。在比昂的"先入为主"概念（比昂，1962a）或荣格的"原型"概念（荣格，

1919) 看来，婴儿天生就具有原始的猎物 - 捕食者的意义，从而抵消了精神错乱的发展。

在那些运用克莱因的投射性认同概念来理解精神病患者的分析师中，罗森菲尔德专注于研究因不能区分自我和客体及爱和恨而导致的精神错乱状态（罗森菲尔德，1950)，对此在塔斯廷创造的"精神错乱"一词中就有体现。比昂扩展了克莱因的投射性认同概念，将偏执 - 分裂的异常结果与病理形式的投射性认同区分开来（比昂，1962b)。这时，偏执 - 分裂被微小的分裂所取代，而投射是用来疏散而不是交流精神内容的。比昂没有在他的见解中使用"黑洞"这个术语，但他确实设想了一场精神灾难，其结果是会产生类似于膨胀的宇宙或未知的银河系空间那样不受控制的局面。梅尔泽关于自闭症"被分解"状态的概念也呈现了类似的场面，其中患者感觉不到包容，他们的感官接受已被断开或分解（梅尔泽等，1975)。在美国俚语中，"魂不守舍"（spaced out）一词正表达了这种无界感。

我认为在这样一种无法遏制的精神疏散状态下会缺乏思考手段，此时眼睛起了主导作用。这个时候患者不能通过体验来进行关联，对于所有的物体，无论是有生命的还是无生命的，都只能通过观察来得知和控制。视觉的发展在我们的进化史上扮演了重要的角色，在动物王国里，眼见为实。我认为精神错乱正是依赖于世界上这种原始的运作方式，也正是这种"狭隘的视野"形成具体思维的基础。自闭症儿童如此，偏执狂患者也是如此。让事情消失在视线之外可能是一种痛苦，这是强迫症行为的突出特点（见上文）。

一些分析师虽然没有提到自闭症现象，但他们对研究更深层次的偏执型精神分裂症焦虑很感兴趣，这使人们能够更好地理解和尊

重偏执 - 分裂位置的复杂性。自闭症除了有控制抑郁焦虑和负罪感方面的防御功能外，现在人们认识到它还有平衡极度焦虑、无助和绝望的功能。精神力量斗争的动力已经被概念化为自我各部分组织的自我对抗，这被视为一种施虐与受虐的倾向，以维持一种不稳定的精神控制(梅尔泽，1968；罗森菲尔德，1971；索恩，1985a；斯坦纳，1987)。罗森菲尔德把这比作一个类似黑手党的自我组织，而约瑟夫(1982)则继续研究其中的自虐现象。罗森菲尔德在其中看到了患者感情的丧失和习惯性把自己推向了她所说的"濒死状态"。她假设这类患者被无意识的迷恋和兴奋迷住了，为了努力维持心理平衡，最后就会陷入一种"精神边缘策略"状态(斯皮利厄斯，费尔德曼，1989)。

关于自我部分的病理组织的破坏性是原发性的还是防御性的，仍然存在疑问。斯皮利厄斯在回顾克莱因理论发展时总结说，自我部分的病理组织"同时表达了死亡本能和防御系统"具有妥协性 (斯皮利厄斯，1988)。约瑟夫强调受虐狂对暴力行为的上瘾程度是至关重要的，而比昂则认为嫉妒才是主要的破坏性力量。对此，克莱因也认为本质上的嫉妒是对人格发展最具破坏性和最难以控制的影响。然而，梅尔泽的目光不再停留于患者的迷恋和残暴行为，而是看到了他们因敢于反抗迫害者而失去保护的内在恐惧 (梅尔泽，1968)。他说这些患者害怕失去精神对暴力行为的上瘾关系，这种恐惧背后的力量就是恐怖。在这种恐怖中，患者对生存的恐惧被激活，此时恐怖的本质是致命的、有害的，这是因为其内在的精神瘫痪会让患者感到无助的恐惧。

当代研究者提出的关于偏执型焦虑的新观点有一个共同点，他们都认为自我内部存在着一场强有力的斗争，以维持生命肯定和死亡本能之间的平衡。在我看来，不管这种破坏性冲动被看作原发性的还是防御性的，或者说是嫉妒还是受虐的结果，"黑洞"理论和无能为力、丧失意义和可预测的动力概念的引入，在一定程度上缓解了这种看法的矛盾，并促进了研究的发展。对生活的渴望太痛苦而无法承受，这种感觉可能深深地隐藏在嫉妒和受虐行为中，而精神的破坏性可能藏得更深。梅尔泽认为恐怖的对象是无法逃脱的死亡内部对象的幻觉（梅尔泽，1968）。即使冒着陷入"黑洞"的无意义世界的风险逃离生活中的情感意识，似乎也是在以此作为面对发现无法忍受的真相和感受的另一种选择。虽然这种结果与"濒临死亡成瘾"中的结果相同，但动态不同。在所有这些不正常形态中，虐待狂的"活力"能抵御自闭症中精神的"活生生死亡"吗？

第**8**章

具体客体、感官客体和
过渡性客体

没有感觉，就不会给我们任何客体，如果没有理解，就不会想到任何客体。没有内容的思想是空洞的，没有概念的直觉是盲目的。

——伊曼努尔·康德，《纯粹理性批判》（1787）

硬度与实体性

塔斯廷对自闭症"客体"及其突出的感官意义的阐释是她对理解原始心理状态的第二大贡献。自闭症客体不是玩具，也不能与温尼科特的"过渡性"客体混淆（温尼科特，1958）。当坎纳首次描述他的一群自闭症儿童时，他提请注意的一个特点是他们中许多人的手很灵巧，以及他们似乎从操纵、旋转玩具和物体中获得兴奋感与满足感："唐纳德和查尔斯在生命的第二年开始运用这种力量，旋转一切可以旋转的物体，当他们看到物体旋转时，欣喜若狂地跳上跳下。"（坎纳，1943）

这类活动的特殊吸引力似乎在于产生有节奏的运动，一些自闭症儿童对液体的性质和倾泻同样感到兴奋。这种对节奏和动作的痴迷的一个显著特征是它的催眠力量。如此专注的儿童几乎不可能被分散注意力，如果有人想要介入他们和他们关注的客体之间，他们很可能会发起攻击和发脾气。以下临床摘录传达了这些专注的程度和强度：

从一开始，凯特就选择沉浸在两种特殊的游戏形式中。一个涉及水和油漆，另一个是沙子。这些活动都有一个共同点，那就是全神贯注于倾注性、流动性和分散性，而它们在凯特身上所引起的生理反应的相似性也很独特。

凯特用颜料在盆架上形成了彩色的水坑。然后她会让它们形成小溪流，顺着盆的内部流进下面清澈的水里，有颜色的条纹会在水里打转，直到它们最初的形状和颜色都在水中散开。在完全散开的时候，当她拔出塞子时，她的身体活动加剧了，当水顺着排水管流下去时，她会从手腕上疯狂地、松散地拍打双手。以同样的方式，她开始全神贯注于沙子通过漏斗的流动，当她一次又一次地把沙子从漏斗里倒出来时，她的眼睛定定地盯着，她的手又一次绝望地拍打着。

（斯彭斯利，1985a）

自闭症儿童的玩具不是用来玩弄的，也不会像正常儿童在游戏中对待玩具那样被赋予想象的特质。例如，玩具车倒着开动，其兴趣仅集中在转动其车轮上，或者它可以被随身携带，紧紧地握在手中，在手掌里给人一种坚硬的感觉，并且与大多数儿童的选择相反，自闭症儿童相较于传统的泰迪熊或可爱的动物，他们更偏向于把这种玩具带到床上。自闭症儿童使用的具体的自闭症客体总是坚硬的，这使它们与总是柔软的过渡性客体有重要区别。

塔斯廷描述性地使用了人称代词"我"来涵盖婴儿在生命的最初几周，在主体和客体被清楚地区分之前所经历的主体/客体感觉的所有主观变化。因此，自闭症客体并不涉及儿童将其视为对象的概念，也不涉及其具有"事物"的属性。自闭症客体以一种自觉的方式被使用，作为一种整理和描述经验的手段，在这个过程中，主体"我"逐渐从所有客体和"非我"中浮现出来。

几周大的婴儿在了解物体的特性时表现类似：推、戳、撞、打、咬、仔细检查手头的任何东西。在正常发展中，以这种方式发展的客体有助于学习；然而在病理性自闭症中，该客体会阻碍发展。我们的目标不再是探索外部世界。相反，我们的目标是绝对消除所有未知和不可预测的事物，对物体的强迫性活动是为了确保与"非我"的世界隔绝。在自闭症患者中，这些早期发展中重要的探索驱动力变得迟钝和僵化，成为一个强迫性的感官循环，驱使儿童沉迷其中，重复而没有意义，在某种程度上阻碍了与"非我"世界的任何进一步有意义的接触。换句话说，感官的客体不再是所期望和需要的，而感官本身成为取代和抹杀对外部世界的依赖的客体。

病理性反刍综合征是病理性自闭症的永久性自给自足和自我封

闭循环的典型代表。在婴幼儿的反刍过程中，婴儿会适应自己的喂养感觉，并通过反流产生一种包含喂养源的幻觉，从而消除了人们依赖乳房作为营养源的意识。R. 加迪尼和 E. 加迪尼（ R.Gaddini 和 E.Gaddini ）生动详细地描述了婴儿早期常见的非自愿和自发反流与有目的地带回吞咽和消化部分食物之间的本质区别：

> 与反流不同，在反刍中有复杂且有目的的准备运动，特别是舌头和腹部肌肉的准备运动，而反流是食物毫不费力地从婴儿的嘴里流出。在某些情况下，把手指放入口腔会刺激硬腭。当努力取得成功且当乳汁出现在咽部后部时，儿童的脸上洋溢着欣喜若狂的表情。
>
> （ R.加迪尼和E.加迪尼，1959 ）

过渡性客体

当外部客体可用，但客体的内部置信度仍然存在问题时，过渡性客体可用于促进分离。泰迪熊或其他柔软可爱的玩具被普遍认为是幼儿的安慰物，但喜欢的毯子或织物也可以增强信心。其中，最著名的是查尔斯·舒尔茨（ Charles Schultz ）笔下深受欢迎的蹒跚学步的孩子莱纳斯（Linus），他总是被描绘成拖着"安全毯"，并与之形影不离。

过渡性客体是客体相关的（在克莱因意义上）或以客体为导向的。它是对目标的一种替代，弥合了必须容忍的分离鸿沟，以实现相互依存。坚硬的自闭症客体在更深的层次上让人安心，即面对失去内部结构和自我意识时令人窒息或崩溃的焦虑。自闭症客体的坚硬和边缘性与自我相关，并提供了一种实体的感觉，让人确信自我的存在性和连续性，而不是客体。因此，坚硬的自闭症客体有助于抵御有机体的恐慌和精神恐惧"黑洞"，即逃跑、消散或消失。

身体涵容

当自我感觉受到丧失感观边界的威胁时，皮肤的硬度感觉会恢复边界感。我本人在此想补充的看法是，在这一经验的前沿，身体的认同感的丧失会因为对消除过程的强烈认同而受到威胁。因为害怕与身体分离而失去理智，所以基于身体的需求是最重要的，玩具车、弹珠、石头、铁皮盖等的硬度有助于抵消与精神病性抑郁症相关的渗漏和流失的感觉。比较一下乔治·伊尔（George III）在回应有关他"心境"的委婉评论时的反驳:"你对我的心境了解多少?对它的框架又了解多少?有什么东西在动摇这个框架,把思想从它的框架中动摇出来。我没有失去理智,但我的理智已经失去了我。"(贝内特,1992)

肉体是人类和动物身份的一部分,弗洛伊德重申了这一点的重要性,他提醒说,自我的形成最终源于身体的感觉。尤其是皮肤表面,它产生的感觉可能是内在的,也可能是外在的,也就是说,体验可能是感觉或知觉。弗洛伊德把自我看作身体表面的一种精神投射,在某种程度上,这与彭菲尔德(Penfield)的神经投射"皮质小人"具有可比性。"自我首先是肉体上的自我。"(弗洛伊德,1923)

精神分裂患者通常对自己的身体保持一定程度的超然状态,认为自己的身体方面是理所当然的。一位艺术家患者,带着极度愤怒的情绪来这里接受治疗。他前一天在自动扶梯上严重扭伤了脚踝,不得不寻求治疗。在讲述自己的经历时,他满腹狐疑地抗议道:"我不知道发生了什么事?看着我的脚。这该死的东西再也不能用了!我不能走路了。"

在偏执-分裂模式的体验中,皮肤表面在幻想中被视为保护者,就像一副盔甲,在它背后可以躲避原始、分散的危险感。在这个范围的最远端,甚至会完全忽略身体的需求,这是精神分裂症和精神病状态恶化的公认伴随症状。在这种极端的情况下,患者会对身体状况视而不见,并恶化为一种忽视身体的状态。

在一些边缘型精神病患者的报告中还提到了身体外体验。一些人清楚地回忆了他们的身体外体验,通常觉得自己在高处,俯视着自己。更常见的是对定义不清但同样可怕的去人格化或去现实化形式的描述。一位成年早期患有严重精神病的强迫症患者，向我讲述了一种更令人痛苦的极端情况。她回忆说，有一段时间，她觉得自己的身体有完全丧失的危险。她在整个青春期和成年早期都患有严重的精神疾病，有一段时间她不能下床，因为每当她试图下床时，她就会被失去身体的某些部分的恐惧所淹没，从而不得不不断检查自己的身体是否完整，是否处于足够安全的状态，这导致她 5 年不能离开家。在那段时间里，只有酒精和几瓶贝尼德伦酒（她每天要喝 3 瓶）可以缓解她的恐慌，并使她的生活可以过下去。

许多年后，她的症状有了明显的改善，但她仍会反复检查自己的身体。在一次谈话中，我用了"漂浮"的比喻，这让她立即意识到自己的经历。她说道："我超然了，这其实不是我真正的身体。我没有任何感觉。我想我最能感受到的是我的腿，因为我经常走路，但不是我的双脚，我已经感觉不到它们了。"她说，她仍然担心自己会"漂走，碎成一千块碎片，我觉得我快要消失了。"

然而，在我看来，她的种种行为似乎是在核实自己的存在，这让我感到惊讶和高兴。她惊讶地宣布，那是她 8 年来第一次停止身体完整性的检查。这也标志着她的强迫症副作用开始逐渐减弱。

在精神疾病的领域之外，当经历严重的疼痛甚至生命受到威胁时就会出现脱离身体的现象。但在某些宗教崇拜中，这种体验被视为一种"更高"的意识形态，受到特别的尊重。

比克（1968）首先提出了皮肤的涵容功能及其在提供原始体验的边缘方面的感觉。她认为，在人格和身体自我形成的最早阶段，人格的各个部分没有内在的约束力，这源于皮肤作为容器的经验，人格的某些部分在开始时与身体的各个部分无法区分。在比克看来，感到崩溃或不知所措，以及对坠入太空或走进死胡同的恐惧，起初并没有什么区别。因此，皮肤表面作为一种原始约束力的经验具有一种原始的涵容功能，她进一步假设，皮肤的内聚性的任何恶化都会促进作为一种替代品的"次级皮肤"的形成。肌肉系统通常用于这一目的，但比克认为，皮肤补偿性防御的选择与产妇护理的特点密切相关。

除了"次级皮肤"的封闭性，比克还描述了皮肤完整性的丧失也可能通过黏附在物体表面而部分抵消，从而产生一种涵容的错觉。梅尔泽（1975）在比克的"黏附性认同"概念中增加了"二维性"的概念，指的是为了消除对解体的恐惧而对物体进行防御性黏附。在这里，比克和梅尔泽都意识到了一些临床现象，这些现象挑战了克莱因关于偏执 - 分裂位置的理论，他们与塔斯廷有相同的观点，但这些观点至今没有得到证实。

这三个人的观点是相辅相成的，并被比昂的思考理论、阿尔法与贝塔心理功能理论所支配。比昂把情感置于思考的中心，而塔斯廷则突出了感性和安全体验性对精神状态得以进行的重要性。奥格登的自闭 - 毗连位置表明了这种更原始的心理组织水平，以及一种重要的第三种功能模式，这种模式早于偏执 - 分裂位置。正是在这种以感官为主导的经验模式中，人类经验的局限性才能得到重视，"一个人的经验发生的地方的开端"（奥格登，1989）才得以形成。正如我们已经看到的，在这个层次或这个模式中的焦虑是无法言喻的恐惧，它会溢出、泄漏或溶解到无尽无形的空间中。

自闭症形状

　　在她的后期作品中，塔斯廷将注意力引向了第二种类型的自闭症客体。与典型自闭症客体的具体性和有形性相比，这类自闭症客体是主观的、抽象的和无形的，她将它们命名为"自闭症形状"（塔斯廷，1984a）。自闭症儿童对形状的敏感性是众所周知的，因为他们擅长玩拼图游戏。这些自闭症儿童完成拼图利用的是碎片的形状，而不是图片，在没有图片帮助的情况下，倒置的拼图可以很容易地展示出孩子的专业知识，这是十分让人吃惊的。

　　塔斯廷在许多年轻患者身上发现，还有其他一些"形状"也具有强大的魅力。这些不是客观可识别的几何形状，而是一种"感觉"形状，对孩子来说是个人的和特殊的。形状可以用任何一种感官模式识别，但它们是抽象的，需要与特定的感官识别区分开来，如声音、气味、味道等。她认为这些"形状"的事物具有重要意义，既有感觉的形成，又有原始的边缘概念的形成。塔斯廷假设了一种形成"感觉形状"的先天倾向，在这方面，她的假设与许多现代婴儿研究相一致，这些研究表明婴儿天生就会寻找和参与学习的机会。

　　塔斯廷强调了感官学习模式的重要性以及"自我"意识的中心地位，她认为自闭症是这种基本体验水平上的一种病理偏差。斯特恩强调了婴儿学习过程中的基本经验的重要性。他对学习发展的理解是，它是通过对新兴组织过程的认识来巩固的，他称之为"显现的自我意识"。这种对学习成长的理解偏离了皮亚杰和随后的学习理论家的工作，他们确定了连续的发展阶段及每个阶段赋予的自我意识的相关变化（皮亚杰，1937a）。斯特恩和塔斯廷一样，认为自我意识的成长是认知发展的基础，对学习能力至关重要。

"显现的自我意识"和塔斯廷的感觉"形状"都属于心理生物学领域，即创造精神组织的倾向或动机。塔斯廷还不清楚其中涉及了哪些过程，但她推测触觉和动觉及这些早期感觉的二维性是首要的。她区分了形状的印象和可见属性形式的认知，这种体验是可以共享的。图案可能比形状更能传达她想要捕捉的品质：

客体和过程完全是为自闭症儿童的个人特质服务的。就像身体物质一样，它们只是造形剂。对孩子来说，他们几乎没有自己的权利。一些年幼的自闭症儿童完全不知道物体的实际存在，以至于他们试图穿过它们，就好像它们并不存在一样。同样地，他们倾听别人的声音，不是作为一种交流，而是作为一种自我封闭的催眠状态。因此，在他们被确认为自闭症之前，他们常常被认为是聋人。孩子们能够从他们的形状偏好中形成基本的概念，但这些对他们来说是特殊但又不太感兴趣的；他们被"形状"迷住了。

（塔斯廷，1984a）

一位痴迷的患者热情地说道："我一直喜欢文字；不是因为它们的含义，而是因为它们的声音。"另一个人被颜色和纹理迷住了，她会买一些非常昂贵但不适合她穿的衣服。这种对物体抽象的"整体"品质的敏感性也可以得到积极使用，并有助于塑造极具天赋的个人艺术创造力。约翰·盖奇（John Gage）在他对特纳（Turner）的研究中引用了一位观察者对这位艺术家完全专注于这些品质的描述：

> 在特纳生命的尽头，他蹲在威斯敏斯特宫外的泰晤士河边码头（可能是在他的切尔西小屋附近），只见他"蹲在河的边缘，专心地看着水"。半小时后，同一位观察者看到他还在那里，显然，他感兴趣的客体是潮汐边缘的涟漪所形成的图案。
>
> （盖奇，1987）

塔斯廷自己对自闭症困境的"感觉"非常敏感，但她的直觉方法也给她留下了一些沟通问题，她的观点有待更严格的科学验证。她与斯特恩和现代婴儿研究的共同之处在很大程度上还没有被承认。塔斯廷 1991 年发表的论文表明，她自己并不完全欣赏这种一致性。婴儿以不同的方式来协调感知能力的发现是一个重大的进步（梅尔佐夫和巴顿，1979；罗斯等，1972）。可复制的实验表明，婴儿在出生后的第一周就进行了"预先设计，能够进行信息的跨模式转移，从而使他们能够识别触觉和视觉之间的对应关系……最初不需要学习，随后对这种跨模式之间关系的学习可以建立在这个先天的基础上"（斯特恩，1985）。

斯特恩提出了"变形知觉"一词，指婴儿所表现出的将信息从一种形式转换为另一种形式的先天能力。目前还没有实验证据证明这是如何实现的，因此，是否最终会发现塔斯廷的直觉"感觉形状"与感官信息的表达和传递方式有关联仍是一个悬而未决的问题。斯特恩总结了当前的研究成果，并与塔斯廷的观点一致。他将注意力转向了"全面的"这一不同于感官上的特定体验品质，婴儿的体验不是视觉、声音、触摸和可命名的物体，而是更"全面的"体验品质——形状、强度和时间模式（斯特恩，1985）。

塔斯廷所设想的是一种感知的原始心理系统，她认为正是这一早期心理过程的中断，导致自闭症患者被禁锢在一种感官主导的妄想状态中，在这种状态下，他的体验仍然是"非心智化的"，因此不断受到分散和消散的威胁（米特拉尼，1987）。意识水平是受到限制的，在她看来，触觉在提供安全感方面是优先的。有意识和无意识之间的区别仍然模糊不清。在比昂的语言中，贝塔元素的屏幕正在运行，该元素并不适合交流，而在自我刺激和自我控制的行动和感觉中找到了解脱。

第 9 章

钥匙的保管者

治疗师的工作就是将自己从精神病儿童的机械构造中解脱出来。

——塔斯廷（1981）

在这一章中，我将讨论一些治疗建议和治疗技术的含义，这些建议和含义来自塔斯廷所描述的对自闭症和精神病的阐释。我将把这些建议和含义与她的一个案例中的材料结合起来，以便呈现心理治疗师的工作情况。在她的著作《儿童自闭症状态》（*Autistic States in Children*）（塔斯廷，1981）中已经发表了一定数量的关于彼得病例的临床资料。我借鉴了这些资料及其他已发表的资料，并根据我与弗朗西斯·塔斯廷的临床对话，补充了全部观察结果。

技术的含义

在她治疗自闭症和精神病儿童的临床工作中，塔斯廷发展了一些治疗实践和技术原则。这些强调了她对儿童行为的管理优先于对谈话内容的象征意义的解释。对塔斯廷来说，对空间和时间的严格界定是首要的技术要求。当存在身份混淆、心理界限模糊或人与物之间的区分不充分时，首先必须建立足够的治疗接触秩序和规则，以便治疗师能区分自己的存在，而不是让自己被当作家具对待。这意味着与传统做法相比，应该对儿童采取更具对抗性和更坚定的态度。

自我意识植根于身体意识，塔斯廷认为这是受到常识约束鼓励的。她明确表示，她不会允许孩子忽视自己的身体或治疗师的身体。她会鼓励有秩序的行为，比如在到达时挂起户外的衣服，或者在会谈结束时清理玩具。她希望会谈的开始和结束都以正式的方式打招呼和告别，以保持空间和时间的界限，出于同样的原因，她也不鼓励把孩子自己的玩具带到会谈中来。这些原则与比克最初倡导的放任儿童治疗方法的原则不同，但现在它们已被儿童心理治疗师广泛接受和实践。

塔斯廷觉得通过这些实践方式，她可以鼓励孩子在时间和空间上意识到治疗师的存在，从而意识到其他人的世界。同样，由于对精神病儿童进行心理治疗的主要目的是让儿童意识到治疗师的存在，这种治疗最初将重点放在暴露儿童未能区分的有生命和无生命的行为上。在治疗精神病儿童的过程中，与神经症患者不同的是，治疗师必须更加积极主动，努力让自己被自闭症儿童视为一个活的物体，而不是被其视为家具一般走过、讨论、对待。

这意味着治疗方法和技术的显著变化，儿童的身体和行为交流优先于会话的口头内容。行动胜于言语，这一点在精神病患者的交流中表现得最为明显。和比昂一样，罗森菲尔德也警告我们必须注意精神病患者的非语言交流——"在精神病治疗中，获得患者非语言投射的能力是必不可少的"（罗森菲尔德，1987）。自闭症儿童和精神病儿童与那些受干扰较少的儿童之间的根本区别在于没有冲突，这种区别对技术有很重要的意义。在自闭症和精神病中，身份认同，以及由此产生的个人内部困惑，是核心问题，而不是冲突。精神病的过程创造了一种条件，在这种条件下，人格被彻底分裂，失去了会导致个人和人际冲突的情感生活。

在精神病中，这种边界的缺失减轻了情感冲突和抗拒，而没有冲突和歧视也消除了区分意识和无意识的需要。因此，冲突被无法在精神上体验的行为和规则所取代。规则对精神病患者来说不是符号性的，尽管它们对观察者来说确实具有一定的交流和符号功能。

在有意识和无意识之间几乎没有区别的地方，解释充其量会令人困惑，最坏的情况是带来消极作用。例如，对困惑的精神病儿童解释幻觉可能会进一步干扰他们的思维而不是起澄清作用。这种情况下的解释不能理解为对现实的澄清，而应该理解为对幻觉的确认。多年前，那时我相对缺乏经验，见过一个5岁的精神病男孩，他在整个会谈中都在谈论英雄事迹和卓越的能力。他大谈特谈自己拥有的美丽花园，比他父亲或祖母的花园好得多，并描述了如何在其中种植任何想要的东西。当我评论他似乎觉得自己拥有魔力，并且感觉比成年人强大得多时，他并没有被带到现实中来，相反，他表现出了极大的热情。我的言论点燃了他无所不能的激情，他补充说，他比我所说的还要杰出。他的花园里种着巨大的橘子树和葡萄树，他可以飞过它们，超过了超人所能达到的高度！

这个小男孩有某种诱人的魅力，但他被自己的幻觉迷住了，不得不在寄宿学校接受治疗。在那个时候，他的幻觉还没有达到危及生命的程度，但对偏执狂患者来说，这可能是一个真正的风险。把迫害的精神幻觉解释成神经病确实是非常危险的。如果患者不能充分认识到治疗师的独立性和现实性，解释就不会引入现实并约束幻觉，相反，因为治疗师通常会被患者认为他们属于精神病世界，这使受迫害感加剧，在这种情况下，为了应对与日俱增的恐惧而做出反应，意味着为了生存，必须摧毁某些东西或某人。

因为这些疾病固有的具体性，这是一种在自闭症和强迫症患者的治疗中基本可以避免的危险。然而，在这些情况下，塔斯廷同样严格坚持建立牢固且相互接受的边界的至关重要性。真理和现实在自闭症和强迫症中受到了截然不同的攻击，但在任何情况下，塔斯廷的首要任务都是揭示精神病患者的"黑洞"恐惧，她认为，这不可避免地造成了精神病患的敌意和扭曲。

在彼得的案例中，我现在将试着跟踪他的治疗方式。这是塔斯廷治疗的一个孩子，一开始这个孩子对她所说的任何事情都不感兴趣。在早期的会谈中，他几乎不说话，塔斯廷面临的问题是如何吸引他的注意力，确切地说，是如何让他感觉到她的存在。

彼得和他的钥匙串

彼得两岁六个月的时候，他的父母就开始因他的怪癖而寻求建议。当他的父母开始怀疑他可能是聋人时，他就被带去纽约接受第一次检查，但所有的身体检查结果都是阴性的。当时玛格丽特·马勒的同事、《人类婴儿的心理诞生》（ *The Psychological Birth of the Human Infant*，1975）的合著者安妮·伯格曼（Anni Bergman）也问诊过他。巧合的是，塔斯廷得知伯格曼了解这个案子，在与伯格曼的一次私人交流中，她被告知当时彼得是沉默的，而且非常孤僻。他表现出的行为特征——回避的目光、刻板的手部动作和用脚尖走路——常常与自闭症相关（塔斯廷，1981a: 221）。自闭症的诊断是依据这份报告作出的。曼彻斯特一位精神病医生的首诊资料也进一步支持了这一观点，他也认为这名男孩患有自闭症，并且按照他自己的教育治疗方法（他称为功能性学习）与塔斯廷同时治疗他。

彼得是由他的父母转介给塔斯廷的，而不是通过更常见的精神科转介途径。他们积极为儿子寻求一切可能的帮助。作为一对富裕的夫妇，彼得是他们的第一个孩子，他们尽一切所能寻求一切能救治彼得的治疗方法。彼得一家住在威尔士，而塔斯廷则在家乡的郡县生活和行医。对彼得的治疗安排必然是不同寻常的，他们一家人每个周末都要去南方旅行，在伦敦过夜，这样彼得就可以每周进行两次治疗，周六和周日各一次。

当彼得到塔斯廷那里接受治疗时，他已经 6 岁了，她当时看到的是一个相当驼背且紧张的小男孩，他似乎被他随身携带的那一大串钥匙的重量压得喘不过气来。塔斯廷形容他"以一种非常受限的方式说话"，并说他"可以拿铅笔，但不会自发地画画或写字"（同上：221）。他是一个不爱说话的孩子，但并没有因不能上正常的学校而感到不安，而且他似乎对沃尔登博士的功能性学习有反应。

彼得的父母对他在认知、教育治疗方面取得的进步感到高兴，但认为他仍然缺乏情感反应能力。事后看来，他们认为从他很小的时候起，他的行为就有点古怪且冷漠。彼得的经历中没有任何异常的事件或创伤经历。但塔斯廷记录了彼得的母亲，在彼得还是个婴儿的时候，她整天都很沮丧，而他的父亲又很繁忙，需要经常到国外出差。

关于彼得早期行为发展的叙述中，特别令人感兴趣的是母亲的观察——认为婴儿是个"可怜的笨蛋"（同上：223）。这让塔斯廷十分感兴趣，她刚刚意识到早期的口腔体验对治疗约翰的重要性。在她介绍这一案例材料时，她已经形成了关于哺乳过程中乳头-舌头相互作用的理论，作为人际发展的范例。然而，正如我在与塔斯廷的讨论中所证实的那样，她意识到在对病理学的知识和理论理解与向孩子传达这种理解之间仍有差距需要弥合。她认为，她与约翰的治疗经历是她思考自闭症和儿童病理的基础，也正是这种治疗经历为她治疗彼得提供了基本方案。

在没有与这个孩子进行个人交流的情况下，塔斯廷觉得她的接触点就是那串钥匙，她向彼得讲述了钥匙作为一种保护自己的手段的重要性和意义（同上：226）。她把钥匙看作赋予他安全感和力量的自闭症客体。

早期治疗

在治疗开始时，彼得和许多自闭症（和精神病性质）儿童一样，完全忽视了治疗师，塔斯廷描述了她好像不存在于彼得眼中的感觉。他转移视线，把注意力集中在钥匙上，仔细检查和数钥匙，能够当她不存在于房间里一般。这立刻引起了塔斯廷的注意，这是她最主要也是最困难的任务，那就是找到让彼得感觉到她的存在的方法。在彼得的案例中，塔斯廷通过两种方式做到了这一点。首先，为会谈的开始和结束建立明确的仪式，使他无法避开这一界限；其次，为他创造一个以他的钥匙为基础的故事，作为会谈最突出的特点。

她的方法是试图通过赋予自闭症患者情感意义，来吸引孩子的兴趣。通过这种方式，赋予这些让他们上瘾的东西一定意义，使自闭症患者因害怕渗漏或溶解而产生的恐惧感得以缓解。她认为，通过戏剧化地重建孩子的感觉，可以实现向更可行的自我安全感的转变。据她了解，她讲述的关于孩子早期经历的故事，是试图将身体分离和遭受毁灭性攻击的原始恐惧带到生活中。正是为了对抗这种恐惧，自闭症患者会紧紧依附它，把它当作一种护身符。对彼得来说，正是他的一串钥匙实现了这种保护功能，她会跟他说，他迫切需要保持这些钥匙的硬度和实体性，以此来保护他不感到柔软、轻盈、飘逸或消散。

在她对彼得治疗过程的描述中，几乎没有证据表明孩子是如何接受这种治疗方法的。事实上，塔斯廷承认，变化似乎是在她不知道原因的情况下发生的，这对她来说是一种解脱——"对我来说，治疗情况下发生的很多事情是我不知道的，这是一种极大的安慰"（同上：141）。尽管如此，我们还是从书中了解到她是如何治疗彼得的，在接受治疗三个月后的某一天，她的努力得到了回报，因为彼得从摆弄和触摸钥匙转向把钥匙当作模板画画。对彼得来说，这是一个重要的转变，他开始学会在纸上表现出钥匙的轮廓。它们不再是他独特的使用方式，作为自闭症客体来保护自己，给予他安全感，或者作为自闭症形状在他的皮肤上留下印记，以帮助赋予他舒适感和力量感。现在，有了一种新的可能性，可以把钥匙的表现形式和它们更常见的功能放在一起看，这种功能是共有的，而不是彼得特有的。

　　起初，彼得带着同样痴迷的兴趣开始了新的活动，他反复地在纸上画出钥匙的形状，就像他曾经数钥匙和玩弄钥匙那样。这种情况持续了很多次，直到大约一个月后，一幅新的图画被引入，这被证明是另一个改变的时刻。彼得画了一个游戏室抽屉，里面放了孩子们的玩具，他画了属于每个抽屉的钥匙孔，每个钥匙孔旁边放着一把钥匙。这使塔斯廷能够在彼得婴儿时期经历与他现在对钥匙及其使用的思考和想象之间建立更直接的联系。现在，既然这些钥匙是以它们普通的现实功能呈现的，它们就可以被看作在儿童和治疗师之间、儿童和其他患病儿童之间以及其他上锁抽屉的使用者之间提供了一种联系。塔斯廷注意到，在这一点上，她开始与彼得建立真正的关系，彼得在房间里更能感受到她的存在。我要在此补充一点，他对抽屉柜和抽屉钥匙的兴趣也使他对里面和外面的概念产生了兴趣，这标志着他开始欣赏塔斯廷，也标志着他开始欣赏艺术。他觉得自己有生命、有头脑、有精神上的内容，对此他现在可能会感到好奇。

自闭症标签和塞子

　　这里引用这一突破性进展发生后进行的一次会谈的原始记录，以说明塔斯廷与彼得关系的质的转变。她开始觉得他更像一个真实的人，至少她似乎认为他有可以倾诉的客体。他听到了她的声音，但此时他是否在听是另一回事。接下来的治疗持续了四个月，这时经常出差的父亲即将回来。

　　彼得双手捧着一根香蕉走进房间，得意扬扬地说："看看我有什么！"当我看着它的时候，它似乎不仅仅是一根香蕉。它好像是从他手上长出来的，是他身体的一部分。正是他捧着香蕉的样子和他眼中胜利的光芒给了我这样的印象。他剥了香蕉皮，贪婪地大口大口地吃着。他几乎不咀嚼，直接用舌头压到喉咙，好像它是舌头的一部分。三口，香蕉就没了。香蕉没了，他立马显得又累又老。他可怜地看着我，说："我有一个地方很疼。"他边说边摸了摸嘴，然后说："在我的胳膊上。"他伸出手臂让我看，确实有一个小伤口。他说："是苏珊干的。她把我的东西抢走了。"他接着说："他（实际指的是'她'）比我小，她也不懂事。"他好像在重复妈妈对他说的话。他继续说："他挠了我。"这是一个小而圆的伤口，在我看来像是被咬了一口。彼得的整个讲话有些混乱。他以为爸爸不在的时候，自己和妈妈已经很亲密了，就像他小时候一样。爸爸明天就回来，彼得感觉自己嘴里那个把他和妈妈联系在一起的可爱东西被爸爸抢走了，后来又被他的妹妹苏珊抢走了。彼得觉得失去它就会留下伤痛。当他说"什么是恐龙？"时，我告诉他此时如果他觉得自己知道很多长单词，比如恐龙，疼痛的地方就会得到治愈。当他说："爸爸把钥匙给了妈妈，这样她就可以把工厂锁起来，就没有人可以拿走任何东西。"我分析说，当他发现妈妈没有和他的身体连接在一起时，会感到非常不安全。他担心没有锁住妈妈，自己的东西也不安全了。他对这句话做了一个奇怪的回应："当把瓶塞从瓶子里拔出来时，我探了又探，发现瓶子没有底。"我说："是的。当你发现嘴里不能再含着乳头时，就好像钥匙不在钥匙孔里一样，那感觉真是太可怕了。"

　　彼得走到镜子前，看着他的嘴，盯着乳牙的缝隙。我说："现在你的第一颗牙齿长出来了，这让你想起奶嘴从嘴里掉出来的感觉，你感觉到了一个缺口、一块空白。"他说："我会教我的牙齿成长。"我说："其实你心里清楚，不能教它们成长。牙齿的生长不在你的控制范围之内。你只能等它们长大。"他凄凉地说："我可以控制。"我说："你很难接受发生在自己身上的事情是自己无法安排的。你很希望拥有掌控一切的感觉，这样就不会发生不愉快的事情。比如发现你和妈妈没有连接在一起，你必须和你的妹妹苏珊、爸爸一起分享她。同样，你必须和阿诺德及其他孩子一起分享我。所有这些都会让你感到痛苦。"

　　他仍然对着镜子，伸出舌头。他看着自己的嘴说："锅炉。"他在其他会谈中也提到了锅炉。我没有领会到这对他有什么意义。但在此时，我突然有了灵感，我说："哦，我知道。你认为'博伊勒'

是一个身体有多余部分的男孩？是这样吗？"他点点头，很高兴我终于明白了。

我接着说："当你还是个婴儿时，你觉得妈妈的乳房或奶瓶上的奶嘴对你的舌头来说是多余的，就像你刚才觉得香蕉有点多余一样。"他走过来站在我身边，我认为他觉得我现在真的理解他了。当他感觉到这一点时，他与我进行了后来的"对话"。他站在我旁边，用对话的方式和我交谈。他说："我过去常去看望汤姆叔叔。"然后，他又问我："什么是分隔？"我问他是怎么想的。他说："把一个房间和另一个房间隔开的东西。"然后他问："你知道什么是交叉路口吗？"我让他告诉我他是怎么想的，他回答说："路的分岔处。"我说，我认为他必须接受这样一个事实，他不再是妈妈身体的一部分，也不是我身体的一部分，我们彼此独立，这让他感到非常难过。

然而，在会谈结束时，他的分离意识越来越强烈了。我坐在沙发上，双臂交叉，一只胳膊叠放在另一只上面。彼得非常仔细地看着我的姿势，然后试图准确地模仿我双臂交叉的方式和我的姿势。我说当会谈结束，一想到我们即将分道扬镳、各奔东西，心里就很难受。他觉得，如果他看起来像我，并完全照搬我的做法，那么我们就是一模一样的，彼此就不会分离。他悲伤地点了点头，我说该走了，彼得迈着沉重的步伐走到门口。后来，彼得母亲告诉我，彼得跟我在一起的时候似乎很疲惫。参考这次谈话的实际情况，我认为她想表达的意思是彼得很沮丧。

（引自赫奇斯，1994）

在本次会谈中，彼得与塔斯廷之间的接触更加活跃，彼得虽不再排斥她，但仍然没有显示出情感交流的迹象。她能理解彼得认为分隔和交叉就是分离的思想，并做出了解释。在这一点上，她表现出对彼得处于抑郁状态的担忧，但这一认识似乎更多地在她的脑海中，而不是在彼得的脑海中。目前的一切证据表明，彼得的精神状态是一种强迫而不是抑郁。他对治疗师如何思考和调查他的想法很感兴趣，但他没有透露自己的想法或感受。他对外部经验的专注与他对自闭症的最初诊断和一种强迫性防御相一致，这表明比他两岁时在伯格曼报告中的行为有了明显的进步。钥匙现在与它们的外部功能紧密相关，尽管其他物体现在成为彼得的兴趣和好奇心来源，但它们的意义和存在都位于外部世界。

塔斯廷在治疗自闭症儿童时明确表示，其目标是鼓励儿童重新体验并重新获得最初受到创伤时无法忍受的失落感。她试图以尽可能丰富多彩和富有戏剧性的方式重新创造这种体验，并相信这有助于孩子理解和掌握早期的恐惧与创伤。在本次会谈中，我们看到塔斯廷代表孩子表达了一种灾难性损失的想法，这一想法在彼得关于一直下坠、无法触底的描述中得到了回应。彼得指着他牙齿上的缝隙，表达了对缝隙的关注，然而塔斯廷试图通过自身经历的重建来弥补彼得的经历空白，她认为彼得理解了她的话，并能将其与自己以前的经历联系起来。在某种程度上，她似乎是在"教他成长"，正如彼得认为的，可以教自己的牙齿生长一样！

彼得的一些创伤可以通过这种方式被间接感知，在与治疗师认同的基础上，心理治疗可以取得显著的进步。相比之下，融合的体验总是混乱的，情感成本很高。彼得的进步似乎相对顺利，避免了与情感生活密切接触的剧变。我有幸查阅了塔斯廷对本案例的一些治疗记录，这些记录清楚地显示了他公开敌对和抵抗开始的迹象。如果她有足够的时间和这个孩子在一起，情绪氛围可能会发生巨大变化。

彼得以这种方式取得了一些智力发展，但有严重的局限性。如果他没有可以学习的情感体验，那么他就无法发展思考的能力。知识可以通过"聚集"（比昂，1962a）继续增长，但这不能与思维或理解混淆。有很多证据表明：他喜欢向他的治疗师展示他不断丰富的知识。然而，我们还没有看到，他是否能够达到他母亲带他接受心理治疗时所寻求的情感成长。下面是第二年治疗中的两段简短摘录，以说明如果要真正改变洞察力，情感的对抗是必不可少的。

一年以后

一年后，彼得在另一次公开的会谈中回顾了他与塔斯廷一起工作的场景，他注意的自闭症客体也有了重大转移——从以前的钥匙到现在的治疗师。彼得在这次会谈开始时，轻率地驳回了塔斯廷宣布的关于彼得因父母要出国而不得中断治疗的言论。他抛开任何想念他们的想法，塔斯廷公开向他暗示，他会想念他的父母及与她在一起的时光。他带着轻蔑的语气，模仿刘易斯·卡罗尔的荒诞小说：

一闪一闪，小蝙蝠！

　我真想知道你在干什么！

在世界上空飞翔！

　就像天空中的一道闪电。

　　他想起了这首诗的原始版本，并结合以前他曾表达过的对耶稣基督的兴趣，塔斯廷将他的全能主义、他的优越性和他对某种依赖事物的攻击集中在一起进行了阐释。她解释了他与客体的虚幻融合和对客体的控制，当这种幻觉受到挑战时，这种虚幻就变成了嘲弄和蔑视。他弄脏一张照片的行为清楚阐释了塔斯廷的解释。他说，"这只是一片污迹而已"。然后他开始为自己辩护，就像他刚接受治疗时检查自己的钥匙一样检查他的照片（塔斯廷，1981a：225）。这是一个具有启发性的时刻，它让人们注意到此时起作用的强迫性防御，并延续了情感和感觉之间的僵硬障碍，这是自闭症焦虑的后遗症。

　　在同一次会谈中，彼得继续向他的治疗师展示他的世界的原始性。从治疗一开始，他就表现出对玩具鳄鱼的恐惧，他把它与咬人、攻击联系在一起，并一直试图把它藏在游戏室里。最后，他似乎成功了，他认为那条鳄鱼永远找不到了，塔斯廷不得不提供一条新的鳄鱼。在鳄鱼被替换的那天，彼得重新发现了一根巨大的橡皮泥柱子，它似乎也被藏在另一个空的、未上锁的抽屉里。他赋予这根柱子不同的颜色，他就是用这些颜色塑造了自己的上帝。

　　彼得似乎也一直在隐瞒其他事情，因为在这次会谈中，我们还看到他用句子写作，而一年前，他还被描述为只会拿着一支铅笔。现在

他写道："不要碰鳄鱼。它会把你吃掉的。"(塔斯廷，1981a：229）

彼得的创作始于玩偶家族和这只鳄鱼之间的关系。为了保护玩偶家族不被咬伤，他把鳄鱼包起来，放在他的玩具容器的底部，上面铺了一层纸板。他说，鳄鱼在监狱里，玩偶家族站在这层楼上，可免受伤害。然后，他拿了一块橡皮泥，用指甲在上面刻了一张脸，说："那是上帝。"对于塔斯廷的问题，"上帝会照顾你吗？"他回答说："不，我照顾他。"他接着补充道："然后他也照顾我。"此时，彼得从上帝的身体上掰下一块做守卫，盖在玩偶家族上方，他说，现在天黑了，家人要睡觉了。鳄鱼被囚禁在下面，上帝和他的守卫站在上面（图9.1）。

图9.1　彼得构建的他的"世界"

塔斯廷把彼得创作的图形比作威廉·布莱克（William Blake）的雕刻（图9.2），在那里有一个相似的物体配置：下面是龙，上面是上帝和他的天使，中间是一个有人耳的奇异生物。她认为，彼得的"世界"和布莱克的"世界"一样，描绘了善与恶的冲突，以及两者之间空间的形成；她说，这是一个"过渡性"空间，"普通的人性似乎正在成为焦点，以抵消兽性和灵性的两极分化"（同上：229）。

　　在我看来，彼得和布莱克的表述有一个重要的区别，那就是不能失去。布莱克的画被上面这些人物的善良和仁慈所笼罩，仿佛是下面生育中的人类的助产士，这与塔斯廷在她的治疗过程中对这两幅画的解读非常相似。另一方面，彼得的家人生活在一个非常不安全的世界里，在那里连上帝都要受到保护。当务之急是确保安全，但在一个尚未划分善与恶的世界里，因为上帝的地位并不稳固，所以必须加以保护。

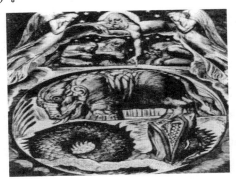

图 9.2　《巨兽利维坦》，威廉·布莱克雕刻

　　警惕性是持续的，这是自闭症和强迫症的一个特征，主要由眼睛来实现。有趣的是，布莱克强调了正在发育中的生物的耳朵。在自闭症患者中，这是最常被忽视或排除在经验之外的感官方式，但在正常发育过程中，耳朵具有感知关联的重要功能。母亲护理婴儿的特点是抚慰行为和抑制婴儿的焦虑，这主要是通过语言表达和婴儿的听觉感知来传达的。正如我在其他地方指出的，视觉和听觉刺激的结合可能对涵容客体概念的形成至关重要（斯彭斯利 1992）。在彼得的世界里，对美好事物的感知还没有安全地建立起来，生命仍然是不可预测且充满危险的。

过早结束

在治疗彼得的第三年，塔斯廷的记录中写满了她与彼得关于他听到的话和想法的对话。他经常问她是否知道某些单词的意思，或者问一些答案似乎显而易见的问题。塔斯廷通过向他展示他是如何像自动售货机一样对待她来满足这种行为，似乎他的问题就像硬币一样，他可以用这些硬币来得到预期的回应（塔斯廷，1981）。另外，塔斯廷出人意料的反应可能让彼得产生愤怒的反应，这表明他是多么抗拒学习新东西。他的愤怒是用混乱的方式表达的，有时是自我攻击（咬自己的手），有时是扔下玩具并"弄疼"它，但在第二年，他也开始对塔斯廷进行口头攻击。他与她竞争，不断地努力展示自己比她更强大、更好，知道的更多，但他这样做也是为了吸引她。

到今年年底，彼得的父母也开始关注他"知道"的事情。彼得在学校表现很好，他的父母开始认为他可以放弃一些治疗课程。他的学习进步很快，他们建议他应该每两周来一次，而不是每周一次，这样他们就可以少跑点路了。这个提议被采用并履行了一段时间，但因为另一个提议的出现而不得终止。母亲认为最好把房子搬到一个彼得的过去不为人所知的地方，这样他就不会因为早年的精神错乱而背负任何污名。她觉得陌生人可能不会注意到他的古怪，他可以重新开始他的生活。

跟　进

彼得的家人是为数不多的与塔斯廷保持联系的人之一，她得知他们最终决定去国外生活，在那里彼得可以上学，在他们看来，患有自闭症是他的耻辱。他似乎继续在学习上取得了不错的成绩，并在高中毕业时写信给塔斯廷。他在信中愉快地谈到了他所学的"无数学科"，谈到了学校作业和假期工打工赚钱的尝试。他希望继续上大学，主修生物学。虽然他特别提到他的妹妹做得很好，但他对自己兴趣的描述集中在关于他暑期工作的相对工资和开车费用的担忧上。

他提到自己一直容易发怒，但似乎对此并不十分担心。"虽然我生气的时候还是容易失控，但还算家庭和睦，生活幸福。"彼得对塔斯廷一直很仰慕，要求塔斯廷寄一本她出版的新书。他承诺回到英国后会去看望她，但他似乎天真地认为，他可以看到她举办一次面询。

彼得大学毕业后终于来看望塔斯廷，并告诉她一些他的职业生涯想法时，塔斯廷认为彼得具体性的特质愈发明显。那时他才二十出头，有点胖，但对她彬彬有礼，且充满了魅力。他再次向她确定，他非常高兴自己的治疗材料被写进书中并出版，以帮助其他儿童。

他满脑子充满了各式各样且有点奇怪的职业选择，这引发了人们对他在职业生涯中追求什么的疑问。他的第一选择是成为一名佛教徒，但他没有被接受。接下来，他尝试进行物理治疗训练，但因为与客户缺乏足够的感情交流而不得不放弃。

当他来看望塔斯廷时，他满脑子都是成为一名整骨医生的想法，而塔斯廷出于热心，带他去见了附近一位她认识的医生。然而，她注意到，彼得似乎对整骨医生对这个职业的看法不太感兴趣，而对他在治疗室里看到的东西更感兴趣。在治疗室的整个过程中，他有着令人愉快的友好态度，但给塔斯廷留下了一个鲜明的印象，即他个人和情感上的孤僻。

彼得慢慢地适应了有意义的工作，但最后转向了计算机。塔斯廷后来从他的母亲那里得知，他加入了一个非常严格的宗教团体，她相信，宗教生活的仪式将有助于他懂得团结一致。他回归了家庭的根基和传统。甚至这个宗教团体有可能为他安排一场婚姻。

彼得的案例是一个不断努力在生活中寻找情感意义的故事，塔斯廷认为他在面对巨大的困难时勇敢无畏。他已经在沉默和孤僻的状态中沉沦了很长时间，这给伯格曼留下了深刻的印象，从而使他的父母让他为耳聋进行调查。他在实际工作中表现得很好，他享受真正的现实生活，但他母亲所关心的他6岁时就表现出的交际困难仍然是一个问题。他对人的不敏感在他的心理治疗主管看来是显而易见的，而塔斯廷也经历了许多彼得表现得不成熟且不恰当的社交方式。彼得意识到他的自控力有时会受到威胁，当母亲谈到他需要找到一些东西"把他凝聚在一起"时，她也认同了这一点。在缺乏安全的情感包围感的情况下，彼得的依恋是单薄的，用梅尔泽的话说就是"黏着性的"。他寻求客体，但客体几乎没有同理心，因此他的人际关系也很难深入。我们看到他试图充分利用他能找到的机会来培养他的人际交往，在这一点上，宗教生活的仪式和支持是不容轻视的。

第 10 章

智力障碍和精神疾病

所有精神障碍的唯一共同特征是失去了常识（sensus communis），并补偿性地发展了一种独特的推理意识（sensus privatus）。

　　　　　　　　　　——伊曼努尔·康德，《精神疾病的分类》(1798)

心智受损

　　在其他章节中，我提到了精神病学的历史，并且提到了人们对了解各种形式的精神疾病现象背后是否隐藏着任何意义越来越感兴趣。如今，《精神卫生法》（1983年）对精神障碍患者的护理和治疗做出了规定，并在这一宽泛的范围内对某些类型的精神障碍做出了具体规定和区分。特别是，智力损伤——对"障碍"来说，现在已经是一个过时的术语——与精神疾病不同，它是指"智力发育停滞或不完全发展的状态"。该法案已经把严重的智力损伤列入了精神损伤的标准中。智力水平是一个重要和关键的区别点，也是最容易量化的特征，尽管人们承认和接受了各种各样的病因，其结果是智力迟钝在实践中往往成为决定性的标准。因此，学习障碍的认知特征和现象与生理、心理、体质和遗传等有关。

以这种方式突出认知特征，以及整个认知心理学的发展，都强调了智力损伤和精神疾病之间的差异，后者主要与情感因素有关。《国际疾病分类》承认智力发展迟滞通常涉及精神障碍，但建议对这些特征进行单独编码以指示相关疾病。通过这种方式，精神障碍被分为具有不同的病因和预后的两类诊断类别（斯彭斯利，1985b）。

如今，与情感决定因素广泛相关的人格障碍一直被认为是精神疾病的基础，并且与关于精神障碍的传统观点形成鲜明对比。在传统观点中，除了已知的器质性疾病，还普遍存在缺陷的概念，特别是认知能力的缺陷，这也涉及器质性起源。在 1943 年坎纳发现自闭症之前，精神障碍的两个主要领域之间几乎没有相互交叉的观念。由于长期以来心理学将人类思维划分为认知、意动和情感三个方面，因此精神疾病被视为情感障碍，而智力损伤被视为认知障碍。

将精神障碍划分为精神疾病和智力损伤，鼓励了将智力损伤作为一个诊断实体来对待的趋势，这在某种程度上类似于19世纪对"白痴"一词的使用。轻度、中度、重度或深度损伤是通过智力测试确定的一种分类形式，它只告诉我们学习障碍的程度，而忽略了病因学指标、损伤的性质或心理发育的剩余潜力。

从 19 世纪的低能和白痴再到今天的"学习障碍"，术语的变化逐渐表明诊断的复杂性不断提高，并且代表着学习过程对人类发展和学习障碍的重要影响的认识。学习障碍者和精神病者之间的心理功能相似性源于他们共同的心理投射和疏散特征，从而破坏了整合和学习的能力。正如比昂（1962a，b）所表明的那样，这些原始过程的滋生在于无论出于何种原因都无法容忍挫败感，当然也包括身体的损伤。令人无法忍受的挫败感会影响心理发展的自然过程，它可能来自情绪、环境、身体或器质性方面的多种因素。

教育学习障碍者

实际上对本国（指英国）的智力障碍儿童或任何残疾儿童提供特殊教育的起源相对较晚。第一项具体规定是于 1847 年在海格特建立的白痴庇护所，直到 1970 年《教育（残疾儿童）法》颁布之前，对有学习障碍的儿童的教育是卫生部门的责任，而不是教育部门的责任。由医务人员决定某个孩子是否应该在普通学校、特殊学校接受教育，或者根本不接受教育。1970 年以前，全国各地为学习障碍者提供服务的水平各不相同，重点通常更多地放在培训上，而不是教育上。那些接受指导和训练的人长大后能够从事简单的工作，并承担体力劳动的责任，最常见的是家务或农业性质的工作。

1970 年后，对智力障碍人士有了新的看法，这意味着他们不再被视为教育上不正常或不可教育的人，而是被视为教育上有缺陷的人，所有儿童，无论其残疾程度如何，都被纳入特殊教育的范围。《沃诺克报告》（1978）试图消除与残疾相关的任何污名，建议使用"有学习困难的儿童"的描述，并强调他们的特殊教育需求而不是残疾。该报告承认对这一弱势儿童群体的教师进行专业培训的新需求，但"不可教育的人"现在如何接受教育的问题依然存在。

一项迅速扩大教育供应的方案已经启动，并在全国各地建立了配备特殊设备的学校。该国的反应主要是出于对一部分儿童的权利的忽视导致一些儿童被视为无法接受教育的学习障碍者的普遍负罪感，以及现在必须满足的"教育"需求的特殊性，在很大程度上尚待探索。受过主流教育培训的教师现在面临着一个艰巨的问题，尽管提出了专门培训的建议，但在工作中仍需要学习很多知识，而承担这项新任务的教师则面临极大的挫折和绝望。

自闭症儿童曾被认为是智障儿童，且并未将他们区分开来，如今他们受到了特别的教育关注。坎纳发现的另一个结果是，随后在大量其他未被诊断为自闭症的智障群体中识别出了残余的"自闭症特征"。这意味着，从自闭症研究中学到的东西绝不仅限于那些有经典症状的人，而且从自闭症研究中获得的许多认识与一般智力障碍人群遇到的各种困难直接相关。

我们对智力障碍人群的态度已变得更加成熟和文明，但重要的是，代表一个被低估群体的同理心或政治热情，不能掩盖这种状况所固有的心理贫困程度。虽然精神病患者和智力障碍者在行为和经历上的相似之处对后者的治疗和"教育"具有重要意义，但如果要提供适当、有意义的帮助，就不能忽视这两个群体之间的基本差异。顾名思义，学习能力的损害严重限制了治疗的可能性。

那些每天与智力障碍人群密切接触的教师、护士和社会工作者，特别是寄宿机构的护理人员，肩负着艰巨的任务。在努力寻找鼓励最佳发展的方法时，他们有责任帮助和管理这些智力障碍儿童的生活。在他们之前，所有人都感到无力应对且报酬很少，这份工作也可能对情绪最稳定的人造成压力。学习和接受的困难是普遍的，但在表现性行为和侵略性方面确实没有遇到这样的阻碍。护理人员总是行动的接受方，很容易成为敌对行动的焦点；他们照顾的儿童或客户及其亲属，不断对他们提出批评，并且抱怨他们的工作没有取得成果。

在这种情况下，采用心理动力学的方法进行管理可以大大减轻老师和护理人员的负担。必须理解的动力是那些表征自闭症的动力，而不是那些人际冲突的动力，正是在这一点上，塔斯廷对纠缠和封闭形式的干扰的描述非常有帮助。要理解这种受干扰的行为可能与原始恐惧有关，而不一定必须与外部诱发因素直接相关，这就需要开启一系列新的反应。在下一章中，我将更详细地介绍这种管理精神障碍者的方法。

大多数曾经被认为无法教育的人仍然如此，因为许多人遭受着难以控制的器质性畸变和损伤，许多人很少或根本没有语言能力。然而，这并不意味着不能适当地提供任何东西来鼓励其最佳发展。对一些人来说，即使是在一个旨在促进认知和成长的环境中，监护和护理可能仍然是可以提供的最合适的服务。正如我不得不向一位老师保证的那样，她对一个严重残疾的8岁男孩所能做的太少而感到内疚。

罗迪（Roddy）

　　罗迪和他患有精神分裂症的母亲一起生活，每天都由学校小巴带到学校。这个男孩几乎与外界没有交流，他的身体又瘦又僵硬，像一块木板，僵硬地躺在轮椅上，直到有人移动他。由于特别担心孩子的身体僵硬，且他来的时候经常看起来像没洗过澡，因此老师开始给他洗澡。老师有一种不安的感觉，觉得这不是她作为老师的职责的一部分，但她确信洗澡是唯一能引起罗迪反应的活动，这会消除罗迪的不安。这些感官体验带来了仅有的令人愉悦的感觉，温水似乎也轻微地恢复了他的四肢的柔韧性。她相当有耐心且敏感，偶尔也会得到罗迪一个无力的微笑反馈。

　　一天，其中的一次洗澡我在现场，罗迪当时看起来没有任何反应，我们只能猜测这样做让他感到舒适。当天下午，他像往常一样坐着小巴回家，但第二天就传来了他去世的消息。在我下一次参观学校时，我发现这位老师对她的洗浴活动更加表示怀疑了。在他生命的最后几个小时里，那个老师是在制造痛苦还是在帮他解脱呢？很难确定这个问题的答案，但在我看来，她的常识性态度和温柔的身体护理更有可能为罗迪提供了一些舒适和安慰的感觉。

　　可以肯定地说，这是一个极端的例子。但也有许多非常严重的残疾儿童在为有学习障碍的人开设的特殊学校上学，这些学校主要提供良好的身体护理。这本身就需要被视为一种重要的心理受益载体，就像母亲对几周大的婴儿进行的身体护理。塔斯廷在自闭症方面的工作也提醒我们注意早期感官经验的原始意义及其在学习过程中的作用。她的研究结果与自闭症之外的其他精神障碍形式同样相关。

我引用罗迪的例子是要强调，对这种极端残疾的儿童来说，教育需要更多的护理和治疗技能，而不是教学。教师和护理人员被焦虑所困扰，担心他们不具备更高的心理技能，经常贬低他们已做的常识性工作。护理人员还需要临床支持，以便能够接受患有严重学习障碍的肥胖青少年的合理需求和焦虑可能更接近婴儿而不是同龄人。在这种情况下，敦促"正常化"的做法和政策可能会造成困惑，加剧退缩，而不是刺激发展。

强调"正常化"和为智力障碍人群提供同等服务的方法甚至可能会在不知不觉中造成损害。度假、聚会、购物，这些都被视为和正常孩子一样享受舒适生活的权利的一部分，但对一些精神受损的孩子来说，这不是一种享受，而是噩梦。对许多智力障碍儿童来说，像海边度假这样的外出活动可能会令他们非常困惑和不安，对他们来说，对变化和陌生的恐惧抹杀了享受的可能性。有时，因为孩子们感到恐慌和不安，他们不得不放弃假期。即使这样，人们也很难摆脱应该享受这种待遇的信念，而改善智力障碍人群生活的方法就是在他们的生活中引入尽可能多的"正常"追求。这种想法很少考虑到这样的事实，即由于这种障碍，智力损伤者的经历可能会非常不同。例如，没有海边度假可能是一种幸运的解脱，而不是一种剥夺。

当敢于接受这样的观察时，我们就有机会来考虑更适当地利用现有资源。鉴于日益增加的原始焦虑状态的心理知识，这意味着需要进行更深入的研究以确定需求。提高护理人员的培训和支持水平也是一个值得紧急关注的优先事项。

心理治疗和学习障碍

像教育一样，针对智力损伤的心理治疗长期以来被认为是不合适的，而且，现在重要的是检查精神分析知识与理解功能性和器质性障碍的问题有何关联（如果有的话）。一些心理治疗师已经在探索个体心理治疗在智力损伤、学习障碍儿童和成人中的应用（阿尔瓦雷斯，1980；赛明顿，1981；斯彭斯利，1985a、b；巴尔比米，1985；西纳森，1986、1992），但是对学习（和洞察力）障碍造成的问题，使用洞察力引导的方法的理论意义还有待充分研究和理解。

学习的失败不可避免地伴随着对人际关系理解的失败，这意味着心理治疗的起点和过程都会有问题。阿尔瓦雷斯（1992）详细而感人地描述了为逐渐理解而进行的缓慢而艰苦的斗争。正如塔斯廷（和阿尔瓦雷斯）告诫的，不要将适合神经症和边缘型患者的治疗技术转用于自闭症和精神病的治疗一样，我们必须同样谨慎地对待治疗方法的适用性，这些智力损伤患者具有不同的病因，包括理解心理空间的能力受损，即"精神化"。

　　20 世纪在精神障碍理论方面最重要和最有影响力的两个发展来自坎纳和比昂的研究，一个是在智力障碍环境的工作中出现的，另一个是在精神疾病领域中出现的。这些贡献相辅相成，其结果继续影响着我们对所有精神障碍的思考基础。坎纳发现，在最严重的认知障碍中，必须考虑情感因素，而比昂则提出了关于人类思维过程的新的、激进的观点，认为情感增长先于认知发展并为认知发展提供了基础。

　　在智力损伤领域中，随着这些思想的发展，人们对建立一种特定的认知缺陷、强化差异和重新建立心理发展中情感和认知因素之间的鸿沟的兴趣激增。自闭症研究已经脱离了坎纳对情感因素的最初关注，在英国，自闭症研究主要集中在学习障碍及那些已确定有器质性起源的学习障碍的领域。在美国，缺陷概念再次出现，然而，这一次是在精神疾病的背景下出现的。科胡特提出了情绪缺陷概念（科胡特，1985），认为精神分析现在是一项情感恢复的任务，而不是弗洛伊德解决冲突的经典目标。科胡特的想法与精神分析学对自闭症的理解是一致的，但这种联系还没有发展起来。

　　那些试图与精神障碍者沟通的人，无论他们是被诊断为智力损伤还是精神病患者，都很容易想到缺陷概念。流行的"诊断"，如"不全在那里""不全在先令里""一颗螺丝松动了"，都传达了一种普遍认为困难的核心是精神缺陷的看法。使用这一概念并无不妥，但专业人士对缺陷概念及其成因存在极大的分歧。

　　"智力"受损，不管是器质性的还是情感上产生的，都意味着失去了表达和思考自己思想的能力。即使具有良好的口头表达能力，患者在没有形成符号的心理空间的情况下，把自己看作一个主体，以具体的方式获得事物（包括口头帮助、建议、推荐等）的患者和能够为自己的需求、感受和行为承担一定责任的患者之间，也存在着天壤之别。一个主体不仅感到对自己的生命负有责任，还能将他的客体（在克莱因意义上）视为自己的主体。不幸的人被困在一个具体的物体世界里，无法感受到生命的精神层面的体验，被囚禁在这个非常有限的"私人感觉"中。这是一个既缺乏思想和情感体验（既不是他本人的体验，也不是其他人的体验），也缺乏交流和学习所必需的"常识"的世界。比昂指出，处于如此原始的心理状态的语言障碍患者并没有使用清晰的语言来进行交流，而是"明显真诚地表明无法理解自己的心理状态，即使有人向他指出了这一点"（比昂，1962b）。对于我和萨姆的经历，无法提供更准确或更深刻的评价，其困境如下所述。

从社会工作者处理的大量个案来看，最常带到威勒斯登心理治疗中心向我咨询的患者就属于这一类，他们的诊断被认为介于智力损伤和人格障碍之间。这些人通常口才很好且个性要强，一再要求社会工作者支持他们的想法和意愿，但从未从为他们安排的众多条件和机会中获得任何满足。他们经常因为学习困难而被称为轻度智力障碍，因为他们的语言流利，他们可以被认为适合并对心理治疗——一种谈话治疗——感兴趣！然后，心理治疗师发现，她为患者提供的治疗方式与社会工作者试图提供帮助的方式是一样的，并且遭遇了类似的命运。

萨姆（Sam）想要一个女朋友

　　萨姆因在护理机构中总是反复出现问题而被转介，在那里他与许多跟他一样有社交困难的人一起生活。他在一个仓库里有一份普通的工作，在雇主的帮助下，他已经坚持了一段时间，雇主承认他是个残疾人，并体谅他偶尔的坏脾气。在大多数情况下，他会与他人相处得比较好，在工作和护理机构中都能得到支持，但当萨姆开始感到不满和不安时，他对自己的攻击性嫉妒情绪也越来越不安。他总是抱怨自己没有朋友或人们对他不友好，因此，人们认为他可能可以从跟他聊聊以更好地理解他自己和想要让他打击别人的不满中受益。

　　当我和萨姆交谈时，我发现他能连贯地描述他的抱怨，并清楚地表明他认为自己需要什么和想要什么。他说，他确实有时会对某些人生气，但他总是认为自己受到了不必要的挑衅。令他生气的是，其他人似乎能做一些把他排除在外的事情，他也不明白为什么要把他排除在外。他特别提到希望有一个女朋友。因为护理机构的其他人都有女朋友，这样他们就可以一起散步或坐下来一起看电视。他认为那会很好，但他不明白为什么他没有这样对他的人。他在护理机构中的一次争吵是因为他试图抢走别人的女朋友，在工作中，有人抱怨他不适当地接近和接触那里的女孩。

　　我和萨姆谈到了他的孤独感，以及他多么希望能够得到一个女朋友，就像他可能会得到一份礼物一样。他同意我的说法，但问题是他看不出这个愿望有什么不妥之处。从我与他的会谈中，我只能得出结论，他对自己的感受一无所知，也不感兴趣。他无视任何关于孤独、嫉妒或怨恨的说法，就好像感觉没有意义一样。它们是作为事物本身而不是作为代表一种精神状态的现象而被具体体验的。如果要消除愤怒和攻击性，那么他必须拥有能够消除他的怨恨的东西。他争辩说，如果他有一个女朋友，他就不会有愤怒或怨恨。这种方式使通往可能提供洞察之路的情感接触被牢牢地封锁了。如果没有洞察力，就不可能改变态度，从而改变行为，使他成为一个更容易接受和被接受的伴侣。他没有想过他可能与一个女孩的关系。他仿佛把她看成了一个活生生的娃娃，她将填补他生命中痛苦的空白。对萨姆来说，这是一个简单而明显的等式。对他而言，语言更接近行动，而不是思想。

我采访过的所有受访者的印象进一步论证了他的过去，我发现他已经接受了 3 年的心理治疗，但他能说的只是，这似乎并不太好，因为他仍然没有女朋友！他不记得他以前的心理治疗师的名字，但他仍然有兴趣和任何人谈论关于交女朋友的问题。这位年轻人正在展示他过去是如何无法学习的，以及他如何继续无法学习，因为他没有意识到他可能从中开始学习的情感体验。由于缺乏体验而不能从体验中学习，这是一个非常严重的缺陷。在这种情况下，心理治疗方法与自闭症治疗中遇到的具体困难有许多共同之处，而且同样是一项艰巨的任务。萨姆的困境可以与塔斯廷的病人彼得的困境相提并论，尽管他在教育上取得了一定成就，但他对个人情感关系的兴趣仍然有限。

萨拉（Sarah）寻找一个家

　　因为萨拉的问题，她的社会工作者被介绍到我这里咨询，当时社会工作者开始怀疑她与萨拉的工作是无效的，她陷入了一种反复的短期救济模式，随后又出现了新的不满情绪。萨拉确信，如果她生活在合适的环境中，她会很快乐并安顿下来，但她寻找合适环境的努力既费钱又令人沮丧，她的社会工作者现在左右为难，既同情萨拉又希望帮助她，而她的常识告诉她，萨拉对自己需要什么的坚定信念是错误的。

　　萨拉早年的大部分时间是在伦敦度过的，生活在不愉快和不稳定的环境中。她的母亲无法妥善地照顾她，她被寄送到亲戚那里，然后被送进机构看护，在此期间，她有一部分时间住在寄养家庭。她的学业成绩很差，被认为是一个差生，最终被安排在特殊学校接受教育，她认为这是不公平和耻辱的。尽管她承认自己在阅读和算术方面有特殊困难，但她仍然认为自己的智力与同龄人不相上下，如今她经常认为自己的能力比许多在童年时没有上过特殊学校的同伴还要出色。虽然她需要别人的关注，但她现在是一个友好、有风度、健谈的人。 正是这种语言的流畅性和她的直言不讳，就像萨姆的情况一样，往往会掩盖思维能力的缺陷，并导致她认为自己很有洞察力，且提出的建议也是很明智的。

　　萨拉能够在她的护理机构过上相对独立的生活，她认为自己和许多工作人员一样，是比较成功的居民之一。人们认为她有潜力获得更大的独立性，因此护理人员特别同情她关于这种进步的想法。在对她早年坎坷生活的回忆中，她对与德文郡的一位姑妈住在一起的幸福时光谈得比较多。从大约 8 岁开始，她在那里待了两年。这段经历，仅被称为"当我在德文郡的时候"，开始变得越来越重要，成为她真正快乐和满足的地方。尽管有一些专业上的保留意见，但她的社会工作者最终还是同意了她的请求，并做出了复杂的官方安排，将她的护理工作从伦敦的一个社会工作部门转移到德文郡的另一个部门。所有工作都是在合作和理解的氛围中进行的。萨拉去了德文郡，开始了她的新生活——但时间不长。

大约一年后，她又开始感到沮丧和不开心，并说她来德文郡是一个巨大的错误。她说，她没有意识到自己的记忆属于过去，她发现自己没有结交到朋友，也没有找到梦寐以求的满足。她又想回到伦敦，伦敦是一个更熟悉的地方，她现在很感激她所有的朋友和同伴。

这种重新安排有点令人厌烦，但参与其中的社会工作者仍然很同情她，也能理解她的失望，且对她试图找到一个合适的环境及她对自己的行为和反应的反思有着深刻的印象。在第二次转移完成几个月后，她又开始说起自己对形势判断错误，并再次充满信心，认为德文郡终究是适合她的地方。随后，她的社会工作者联系了我，让我来研究下这个案例。在她有机会思考正在发生的事情之前，她不想有任何进一步的调查。无论如何，她怀疑相关地方当局的同情心现在可能快消耗殆尽了。

社会工作者在与我的讨论中，听到我认为这个问题很严重，而且很难解决，她便松了一口气。她自己的常识一直在引导她得出同样的结论，但她对此感到内疚，有两个原因：其一，如果她不再次努力支持看似积极的独立生活愿望，她就会让她的来访者感到失望；其二，她能向萨拉这样的来访者展示她工作的成功，因为她给人的印象是口齿伶俐且见解深刻的。然而，像萨姆一样，萨拉只能具体地对待自己的需要，因此，对于每一次不满意，采取行动和改变环境被认为是解决问题的办法。虽然这位社会工作者可以用她的常识看出这是毫无意义的，但她的来访者并不能。

社会工作者拥有处理或"消化"相关经验的心理空间，可以理解她对该问题的新视角和新想法，但是她的来访者在没有这种心理空间的情况下，是不能理解的。她的经历仍然没有被消化，只适合作为未消化的事实进行投射、疏散或储存（比昂，1962b）。因此，萨姆和萨拉，就像许多所谓的"轻度"学习障碍患者一样，有一大堆未消化的情感"事实"可以谈论，但这不能与洞察力和思维混为一谈。他们的学习障碍远不是"轻微的"，但认识到这一点比来访者和工作人员不切实际地期望压力放大他们的问题更有帮助。

这些案例突出了一个中心混乱点，这种混乱源于这种功能紊乱水平的固有病理学——不能和不愿意之间的区别，这是区分的关键。思维和学习的障碍是因缺乏对这些过程至关重要的体验而产生的，然而这种缺乏已经产生了。当患者因为缺乏体验而不能区分"不能"和"不愿意"时，如果要帮助患者，工作人员这样做是至关重要的。在这个关键问题上的合谋导致外部世界为追求内部需要的改变而采取的徒劳行动长期存在。

鲁比（Ruby）

一个患有广场恐惧症的 15 岁孩子曾经让我认真思考了智力损伤的含义及"不做"和"不能做"之间的区别。由于她不能乘坐公共交通工具旅行和上学，她的母亲不得不和她一起打出租车带她来治疗。学校很合作且富有同情心，校长不遗余力地为女孩提供条件，让她可以继续参加 O-Level 考试。每当鲁比陷入恐慌和迫不及待想走出教室时，校长就会把自己的房间作为鲁比的"避难所"，他认为鲁比需要更多的支持来树立信心。校长也积极参与鲁比的治疗，他写信给我，请求我支持他向当地议会申请鲁比的出租车费用，理由是她不能乘坐公共交通工具去上学。

作为她的心理治疗师，我不想因为与这项申请联系在一起而损害我与患者的心理治疗关系，但我也很担心如何向校长和鲁比的母亲解释我的立场，他们都认为这是迫切的需要，而且这个请求是完全合理的。在这场官方活动中，我的合作被认为是理所当然的，而且这也是非常小的一件事。我理解他们不容易接受我保留意见的原因，但我确信，如果我卷入这种行动，将不利于鲁比的治疗。这种情况要求我清楚地说明我的立场和我看到的保护心理治疗工作的必要性，并以一种鲁比、她的母亲和校长都能理解的方式来传达。

提供出租车服务的理由是基于鲁比不能使用公共交通工具的说法。即使有人陪同，她也会感到惊慌失措，而且无法说服她上公交车或火车，所以她不能那样去上学似乎是不言而喻的。唯一的选择是单独提供一辆车，因为她的单亲母亲没有车，出租车是必需品，而她即将参加的O-Level考试使这件事变得更加紧迫。

只有当我注意到"不做"和"不能做"之间的混淆时，我才找到了打破这一逻辑僵局的方法。我接受了鲁比不乘公共交通出行的说法，但我不认为她不能。我的论点是，她可能认为她不能，但如果我们表现得好像我们也相信一样，我们就会与她的妄想勾结，破坏她对现实的脆弱把握。她是一个健康的年轻女孩，没有残疾，只是她需要挑战自己的信念，而不是让那些对现实和常识的把握更强的人所接受。我的论点的正确性被所有人接受了，我的治疗立场依旧保持不变。

我不记得最后是否通过其他方式获得了出租车服务。但是，当鲁比的症状在适当的时候消失时，她的反应是惊人的。她的母亲为女儿的康复感到高兴，但鲁比对她所得到的帮助完全不屑一顾。"任何人都可以乘坐火车。人们每天都这样做。这有什么特别的？"这是她的反驳，因为她不得不承认自己在日常事务中需要帮助，她被焦虑压得喘不过气来，以至于她对"不做"和"不能做"的看法被扭曲了。

鲁比有精神障碍，而不是智力受损，她的症状使她在看待"不做/不能做"的困惑时有不同角度。在萨姆和萨拉的案例中，他们的严重缺乏能力、他们的"缺陷"、他们的"不能做"被隐藏起来，并被误认为"不做"。例如，人们会假设自己对陪伴的理解与治疗师的理解相同，那么就会导致在接下来的心理治疗努力中，治疗师为他们提供帮助时所产生的不理解、不满足和僵局。另外，鲁比声称的"不能做"掩盖了一种病态的"不做"，如果要想加以改变，就必须认识到这一点并敢于挑战。在智力受损的案例中，重要的是要了解，自闭症患者无法理解治疗对象和治疗目标的程度，因为情感体验中的"黑洞"使他们无法学习。

第 **11** 章

关于学习障碍的精神分析视角

理性是情感的奴隶，它的存在是为了使情感体验合理化。

——比昂（1970）

我在上一章中所表达的保留意见并不是说我认为精神分析知识对智力受损人士的问题没有多大帮助。相反，威勒斯登心理治疗中心工作室的存在是为了将精神分析视角引入智力受损领域的心理学家的工作中。在莫里斯·莱恩基金会（Maurice Laing Foundation）的慷慨资助下，精神分析应用于学习障碍的研究研讨会得以举办。该会议主要由伦敦地区的心理学家参加，但其所涉及的研究方法引起了英国其他地区和国外的心理学家（和精神病学家）的兴趣。加洛韦（Galloway）是研讨会的成员之一，他报告了金斯伯里医院（Kingsbury Hospital）在遏制暴力行为方面取得的一些令人鼓舞的成果，特别是关于该医院对相关挑战行为的研究及精神分析概念对管理制度的形成的影响（加洛韦，1993；库雷，1993）。

精神分析理解的好处并不仅限于聪明和敏感的群体，也包括在美国被赋予了愤世嫉俗意义的缩写 YAVIS（年轻、富裕、口头、智慧和敏感）的群体。在我们的机构中，特别是在有学习障碍的情况下，最容易受到原始行为的干扰，正是在那里，最需要对无意识冲动和行为的理解，而不充分的理解或误解可能会产生重大影响，有时会带来灾难性的后果。例如，在不存在意义和动机的情况下，对意义和动机进行错误认定可能导致采取极易使紧张、恐惧和暴力升级的措施。在这里，塔斯廷的工作揭示了以前似乎无法解释的行为的原始深度，它提供了一种可能性，可以看到理解这种行为的其他方式，这种行为要么被赋予任何意义，要么被视为无意义。

对不受心理动力影响的干扰行为的管理不仅会大大削弱，而且还会无意中徒增许多问题。

日常的纪律促使来访者有一定的自控能力，这成为那些已经在努力保持团结的人的最后一根稻草。当恐慌和恐怖威胁要压倒一切，再也无法控制时，爆炸性的愤怒是最后的防御。试图用任何以自我控制能力为前提的管理方式来控制这一点，不仅会带来挫折和失败，而且很可能会增加而不是减少愤怒和暴力。

这则趣事很好地说明了这种两难境地。一位深受强迫症困扰的女士正挣扎着从国外回国，当时她的强迫症正处于顶峰。虽然她不会被认为是学习障碍者，但她发挥高智商的能力因精神疾病而严重受损。对她所有行为的检查几乎达到了难以控制的程度。她花了几天时间收拾行李，但她的外表和行为引起了海关人员的怀疑，她在机场被要求打开行李进行搜查。起初，她试图解释自己的困境，以及自己不会服从的原因，因为重新打包需要几天时间，她的飞行计划将被完全打乱。当然，当海关人员坚持并开始打开她的行李时，她变得非常绝望，袭击了一名女海关人员，并最终进了监狱！

　　海关人员像往常一样履行职责，却不知道他们要对付的是一个极度焦虑、精神失常、完全无法从心理上控制自己的女人。对她来说，让她打开好不容易才整理好的东西，无异于打开了潘多拉的盒子。她表现得好像能控制自己，并能充分区分幻觉和现实，能够遵守指示，结果却导致对他人的爆炸性攻击，但其动机是自我保护。她的自我控制能力已经很弱了，因此她无法控制任何额外的焦虑。她摇摇欲坠地紧紧抓住装在箱子里的一种具体形式的"容器"，觉得自己的生命取决于这一成就的持久性。

　　在英国，学习障碍者的训练和治疗计划通常由临床心理学家负责。几十年来，临床心理学家一直在开发和实践针对智力受损人士的教学与训练方法，这些方法在学习上有其理论基础，最注重行为，以及如何塑造和鼓励社会生活。威勒斯登心理治疗中心研讨会的目标不是取代这种方法，而是对其进行补充。行为工作有其自身的有效性，并将继续在这种环境中使用和发挥作用。任何促进秩序、常规性和可预测性的管理策略在精神障碍者无组织和混乱的世界中都是有帮助的，需要被重视，而不是被贬低，也不是作为"制度化"而被拒绝。

行为心理学和认知心理学的贡献

　　目前，与学习障碍者有关的管理政策主要基于行为和认知心理学的原则。重点放在鼓励良好和社会可接受的行为，以及忽视或阻止不可接受的行为。正如我已经指出的那样，这是不可轻视的，但它不足以处理根深蒂固和持续存在的行为障碍，特别是暴力问题，这是照顾者感觉疲劳和压力的来源，因此，经常令人担忧。此外，人们公认的是，对伤残最严重的人的监护往往由那些受过最少培训的人负责。

　　学习理论植根于强化期望特征，以及消除或磨灭非期望特征的思想，要求工作人员或患者有一定的依从性和合作精神，如果能够做到这一点，就可以取得进展。然而，很多时候，结果是工作人员感到失败或绝望，或者更糟糕的是，因感到绝望而想要控制他们照顾的一些看似愚蠢和有破坏性的患者。下面是一个与帮助绝望的患者有关的希望逐渐丧失的例子，也将有助于说明不同的问题解决方法是如何改变反应的。

约翰（John）

　　我第一次见到约翰是在一所为学习障碍的儿童和年轻人开办的寄宿学校，当时他只有 13 岁。由于他的自伤行为，他引起了护理人员的严重关切和焦虑。约翰习惯于持续不断地进行头部撞击，这种情况从童年开始持续了很多年。他的头部和头发有被虐待的迹象，他头的一侧骨骼结构有些扁平，还有一块地方头发生长很稀疏。约翰最近被从一家大型精神障碍医院转移到新的教育机构。新住所的工作人员从对约翰对自己的持续侵略性攻击的无助，到开始对寻找有效的方法来控制他无意识的暴力行为感到绝望。

　　我听说他们什么都试过了。起初，他们试图用其他事情、喜爱的食物、玩具或娱乐活动来分散他的注意力，但都无济于事。接着，他们试着握住他用来打自己的手，但后来发现他会开始用另一只手打自己的头。当两名工作人员试图控制他，握着他的手，两边各一只时，他会使劲把头撞到任何可以触及的墙壁上。控制他需要消耗很多精力，有时他们不得不坐在他的双手上，一边一只，试图让他对电视感兴趣。

　　约翰的行为令所有观察者深感不安，他们总是感到有必要寻找某种方法来阻止这种残忍行为。有一天，我正好碰到了病情发作的约翰，两名疲惫而沮丧的护士站在他身边，试图控制他对自己头部的猛烈打击。作为这件事的见证者，我也在思考如何阻止他。本能地，当他像雨点一样击打自己时，我发现自己并没有把手放在他的手上，而是放在他可怜的头上。结果是戏剧性的，他立即停了下来，他击打的手突然停了下来，停在了半空中。

这并不是说这是一个神奇的问题解决方案。约翰令人不安的行为并没有立即消除。我引用这件事，只是为了说明解决问题方法的方向性转变。当对引起的焦虑进行充分控制，并考虑预防或抑制时，重点的显著转移就成为可能。从另一个角度处理这一问题而带来的结果表明，这一问题值得关注。这种方法上的差异也说明了比昂借用数学术语"顶点"来表示问题的不同形式，从而使视角的转换或意义的改变成为可能（比昂，1965）。塔斯廷率先提请人们注意隐藏在无意识和看似毫无意义的破坏性背后的恐惧。

一些家庭和机构强烈要求临床心理学家帮助其解决那些最具挑战性且最紧迫的暴力问题。暴力可能针对个人、财产，或者，同样令人不安的是，就像约翰的情况一样，暴力问题也可能是针对自身的。绝望的个人，特别是儿童，他们用自己的身体进行自我攻击并表现出一种可怕的和不人道的力量，这让无助的旁观者感到恐惧，只能哭喊着以制止这种行为，正如前面约翰的案例所表明的那样。在存在器质性损伤的情况下，无意识的暴力可能无法理解，但其对照顾者的非言语影响仍然很大。当患者的恐惧深入照顾者的内心时，对照顾者心理平衡的威胁是不可低估的，他们会产生报复和"击败"无意识的冲动，这会使暴力升级。偶尔报道的丑闻证明了这一点。

暴力的心理动力学

　　了解暴力的动力学可以大大有助于避免严重的麻烦。以心理动力学为基础的培训和管理制度为护理人员提供了解决他们问题的新的、不同的方法，这些方法提供了一种替代暴力控制和暴力约束的方法。尤其是塔斯廷的工作，具有直接的应用价值，因为她试图阐明不符合常识逻辑的原始前心理状态。这些都是以感官为主的状态，塔斯廷将其描述为自闭症的特征，但它们并不局限于自闭症。类似的状态在那些因其他原因而遭受严重智力损伤的人中也很常见。塔斯廷的工作对精神障碍领域的价值才刚刚开始被认识到。她的直觉思维带来了新的兴趣，并在长期以来与最困难和棘手的治疗问题相关的领域激发了新的热情。我们有理由相信对那些智力有限的人的驱动力的更深入理解将为他们的护理和指导带来更多意义。

　　可以理解的是，护理人员应关注并减少暴力行为的发生，且应在可能的情况下预防暴力行为的发生，但如果这种关注集中在警惕和严格监督上，结果反而可能会加剧患者的紧张和迫害恐惧。同样重要的是要确保护理人员的恐惧不会加剧暴力形势，从而增加暴力行为发生的风险。施暴者总是吓人的，没有什么比那些期望掌权的人感到恐惧更能增加暴力的风险。

　　对心理上不成熟的人来说，这是一个困难的命题，他们更有可能假定犯罪者的意图、动机和狡诈，并将其行为的责任归于犯罪者。

一个施暴者，人们通常不会相信他自己可能处于对生命的恐惧之中。这似乎令人难以置信，因为对施暴者的威胁是看不见的，对那些受到他威胁的人来说是不真实的。然而，这种看不见的幻觉威胁是强大的，对这些内部恐惧敏感的管理办法有助于减少紧张局势和危险行为的威胁。这总是意味着观点的改变，需要大量的临床教学人员和护理人员的专业监督，才能向他们介绍这些新的方法和工作态度。在新的管理思想被接受并付诸实践之前，有必要仔细研究这些思想，以鼓励护理人员思考受干扰行为及其意义。

以这种方式来看待有关暴力和侵略的问题需要一个明显的观念的颠覆。对一个充满暴力和破坏性的患者来说，护理人员很难将注意力从认为他是一个危险、威胁转向认为他是因受到混乱和恐惧的驱使而充满了迫害和恐慌。

在为学习障碍者服务的机构中，以及在其他为具有破坏性和挑战性的病人提供服务的收容所中，引入的最重要的概念之一也是护理人员最难接受的想法：在恐怖统治下，实施暴力的患者似乎是主宰者，而不是被控制者。最大的破坏来自那些无法控制自己且随时会爆发的人，这也是给别人带来恐惧的原因。更难理解的是，施暴者也处于恐惧和恐慌之中，而他的恐慌需要护理人员的遏制，而不是消灭。施暴者越是被认为应该控制自己的行为并对自己的行为负责，就越有可能受到刺激而进一步发泄。

施暴者通过恐吓控制他人的行为不应与力量混淆，不管它伪装成什么样。矛盾的是，对这种威胁行为的遏制往往是通过更少而不是更多的努力从恐吓者手中夺取控制权来实现的。通过环境支持和控制来遏制威胁行为的间接干预通常更为成功，因为它不会对施暴

者个体本已脆弱的自我结构施加压力，与他表现出的明显但虚假的
力量形成鲜明相比，施暴者个体的自我控制能力是如此危险。

涵　容

　　　　精神分析的观察当然不能仅仅局限于对语言的感知：舌头
更原始的用途是什么？

　　　　　　　　　　　　　　　　　　　　　　——（比昂，1970）

　　正如比昂所介绍的，涵容是一个复杂的概念，现在已经成为现
代精神分析的核心。它在学习障碍领域的应用并不常见，但其重要
性值得详细讨论。

　　要理解暴力行为，有必要追溯其根源，即婴儿时期的愤怒和恐
慌，以及在没有足够的涵容经验的情况下威胁婴儿的自我意识的分
离恐惧。比昂的涵容概念源自克莱因提出的投射识别机制。他将这
种机制的一个方面描述为与婴儿恐惧感的改变有关；婴儿将其无法
忍受的感觉投射到母亲身上，母亲会接受并容纳它们一段时间，使

它们可以忍受并再次接受。从这个意义上说，母亲可以被认为是为婴儿难以忍受的感觉提供了一个"容器"，比昂把这个过程称为"被容纳"。

比昂使用了这种涵容的模型，一个客体可以投射，并且客体可以投射到其中的容器，这个过程被他称为"被容纳"，作为心理成长至关重要的互动的表现。当容器和被容纳者结合在一起时，它们就被情感充溢，而这正是连接客体的生命力所在。心理发展以这个模型为基础，最理想的是促进容器和容器中的客体的生长。在比昂看来，心理成长不是一个缓慢渐进的过程，而是一个永恒的过程，更多的是一系列灾难性的结合，如果涵容运作良好，会产生洞察力和学习能力，但如果涵容运作不好，则会产生沮丧和不理解。"容器"和"被容纳者"的结合是动态的，"容器"和"被容纳者"越分离，情感就消失得越多（为了避免与成长和生活的痛苦接触的挫折），它们就变得越没有生命，越接近无生命（比昂，1962b）。"容器"和"被容纳者"可能通过接近而联系在一起，但没有激发活力的火花。

为了表示和描述这种容器模型的抽象关系，比昂使用女性符号表示"涵容"，并使用男性符号表示"被容纳者"。他有意使用这些符号，但并不打算局限于其性别内涵。在这个意义上，性别关联传达了涵容的动态本质，与之形成对比的是，涵容是一种不可混淆的"围篱"概念。

"容器"与"被容纳者"之间的关系可以是共生或寄生的。在共生关系中，"被容纳者"和"容器"相互依存、互惠互利，而彼此之间没有发生改变或损害。就像上面的母子示例一样，这允许并促进了两者的心理成长。在共生关系中，一方依靠另一方实现互利，但其方式包括相互改进，这限制了进一步的发展。寄生关系对两者都具有破坏性，并破坏了增长的可能性。

母婴之间的早期关系可被视为嘴与乳房之间的部分客体关系。就比昂的抽象理论而言，这是"被容纳者"（饥饿，吮吸的冲动）和"容器"（乳房）之间的关系，根据比昂的观点，正是这种关系被婴儿内化为处理思想的机器的基本模型。前概念或先天期望，与实现前概念以产生概念的感性印象相匹配。他用婴儿通过将物体放在嘴里来探索物体的方式进行说明。

这种学习增长模式意味着从经验中学习。感知感官印象的能力随着感知数据能力的发展而发展。容器 - 被容纳者关系是比昂"阿尔法功能"概念的模型，是思维和学习的基本工具。这本质上是一种情感体验，当关系和谐时，它会带来满足感。在早期喂养的情况下，饥饿感得到了满足，但是在这种情况下，爱的体验对婴儿的心理成长至关重要，就像牛奶对婴儿的身体发育一样。从生物学来看，有机体的生存（进食、呼吸和排泄）与前概念相关，学习模式在容器和"被容纳者"的生长过程中变得越来越复杂。或者，如果弥漫在"被容纳者"中的情感是强烈的嫉妒，这甚至可能强烈到足以破坏与包括自我在内的客体的活性的接触。在这种情况下，关系只能以死气沉沉的、自动化的方式存在。

这一心理发展的躯体 - 心理基础的发现使比昂强调，对思维的发展和本质及用于处理思维的器官的研究是理解精神障碍的基础。这意味着，在精神疾病的调查中，对思维和思维发展所涉及的因素的检查必须优先于对导致崩溃的思维内容的考虑。这一强制条款对学习障碍者来说更为恰当。塔斯廷也提出了类似的建议，当她强调自闭症和儿童精神病中原始的、前语言水平的障碍时，孩子们沉浸在一个感官世界中，而不是心理世界中。原始思维的基础是与偏执 - 分裂位置的形成相关联的，而初步连接的中断将使人们在这个水平上有意识地意识到感官印象，这意味着个体没有形成偏执 - 分裂位置，而是像塔斯廷生动描绘的那样：被孤立在一个无法理解的感官世界中。

因此，许多自闭症儿童属于学习障碍儿童，他们不会与自己的目标发生冲突，也不会因对他们的目标的感知发生扭曲而感到困惑。他们甚至不能说已经从目标中撤离出来。取而代之的是，他们极度迷恋感觉，就像一位患者所说的那样，在"永恒的空间"中迷失了自我，只有身体的感觉可以保持，以防止跌入深渊。这是一个极不正常的世界，在这里，所有生物学上赋予的交流手段都转向了最原始的自我刺激。对感官的专注取代了本来可能产生的感觉，以确保心理因素的可用性，这意味着阻碍和固滞了心理的发展。这些人被不受约束的恐惧所困扰，害怕崩溃和永远堕落，害怕失去生活的连续性。

塔斯廷生动地描述了这种经历，与面对死亡的恐惧不同，死亡恐惧是概念化的，并且具有共同的意义。从字面上看，竭尽全力防范深度的恐惧是难以想象的，而在某些人身上，精神病或自杀是对付这种恐惧和恐怖行为的防御措施。

对这种经历的描述在很大程度上仍然是推测性的，并且取决于经验丰富且敏感的临床医生的观察和解释。然而，作家们对自己早年的自闭症或精神病经历的回顾性描述正在逐步补充这些内容。美国的坦普尔·格兰丁（Temple Grandin）（格兰丁和斯卡里亚诺，1986) 和澳大利亚的唐纳·威廉姆斯 (Donna Williams)（1992 ）都证实，在他们早期记忆中不理解和恐惧占据了主导地位。本佩拉德（Bemperad）（1979）描述了一位年轻人的回忆，在他4岁时就被坎纳诊断为自闭症。本佩拉德说，当他听到这名男子记忆中强烈的恐惧时，他感到惊讶，这似乎与"自闭症儿童平静的外表"形成了如此鲜明的对比。

沮丧和不理解

"容器 - 被容纳者"也出现在单词的构成和限制中。单词是包含意义数据以形成恒定连词的产物，单词将这些元素的连词结合在一起形成可以被识别为有意义的实体。同样的模式也适用于交际，它是关于意义和表达之间的关系，在共生关系中得到优化。如果可以找到适当的词，一个词可以包含意义，或者意义可以包含一个词。有时，感情的力量会如此强大，以至于其语言表达能力会崩溃，导致语无伦次、结巴，或者瘫痪、沉默。因此，恒定连词可能破坏该词，但相反，当该词已经被预先存在的联想充溢时，该词可能会迫使恒定连词的意义消失。语言的发展似乎很可能是在平衡包含意义和情感压力的基础上进行的。

在有明显学习障碍的情况下，语言表达能力往往会受到严重的限制，从而导致意义缺失、沟通和理解受到限制。患者可能会不知所措地表达意思，或者因他的意思可能太强烈而无法恰当地表达出来。谈话、喊叫、攻击性或其他肌肉运动是疏散过程中释放紧张情绪的方式，与交流所需的包容过程截然不同。

这种投射过程是为了使心灵摆脱不必要的元素，避免思维和感觉的意识，是病态的。这是一种与心理内容彻底而无情的分离，与弗洛伊德（1911）所描述的正常过程不同，在弗洛伊德所描述的正常过程中，在快乐原则条件下，行动和运动放电与"消除刺激积累的人格障碍"相关联。在这些非常不同的病理条件下，例如，一个微笑或一句话必须被解释为"一种疏散的肌肉运动，而不是一种情感交流"（比昂，1962b）。这种思维机制的崩溃导致精神生活被无生命的物体所支配，患者感觉到死亡的气息，而很难体验到他可以从中学习的东西。在这个层面上，这种可能的思考或许足以处理无生命的事物，以及能够具体看到和处理的事物，这就是为什么智力受损者往往被认为比他们拥有更多的理解力。

比昂对人类思维及其进化的研究已经在学习障碍领域取得了一些新的进展，新方法的好处使人们对学习障碍有了新的认识。他的理论具有普遍适用性，因为它与智力的发展有关。这并不一定意味着精神分析是治疗所有精神疾病的一种适当形式，但它确实意味着一种新的方法，阐明了我们以前无法理解的行为模式。在学习障碍者的行为中遇到的一些模糊和困惑之处，也从塔斯廷的封闭状态和融合状态的区分中得到了澄清，这两种状态在学习障碍者中经常出现。在一个新思维稀缺且难以获得的领域，这些贡献带来了宽慰和鼓励，并带来了新的希望。这些创造性的想法使人们对行为障碍的性质有了新的认识，这些行为障碍常常给护理人员带来重大挑战，因此，它们提供救济的可能性值得关注。

修订管理概念

因为精神分析对心理发展的理解，强调认知能力增长所必需的情感基础，所以对学习障碍者的管理具有重要意义。管理的条款不承认学习的内在动力基础，并将学习视为一个渐进的训练和习惯的过程，往往强调目标的设置，并为成功提供各种激励。同样，正常化方案无视我在本章中描述的固有困难，并且这样做会不切实际地提高人们的期望。

当鼓励护理人员参加培训计划以显示逐步改善的意图时，其结果往往会导致信心和热情减弱、成效下降，甚至适得其反。当护理人员因未能取得预期效果而感到沮丧时，士气就会削弱，对能够取得任何改进的信心就会逐渐丧失。

无论多么令人不安，重要的是要注意到基于学习理论的传统管理政策与基于精神分析的管理政策之间存在的分歧程度。对特定情况下的政策或战略的影响意味着建议的做法将如此不同，甚至截然相反，正如下面的例子将说明的那样。针对"挑战性行为"和学习障碍的新的独特方法大大减轻了护理人员的压力，使他们能够证明个人在行为和成就方面的进步。相反，人们通过营造一种安全的氛围来减少紧张、错乱和暴力。人们的信心来自一个支持、有意义和有序的环境，既不是纵容，也不是惩罚。

有潜在危险的个体其内心安宁受到了严重威胁，他们的不安行为通常会掩盖高度的敏感性。因此，与强调目标和指标的设定而引发挫折感的制度相比，培养有安全感和保障感的制度更可能引发温和且有利于学习的氛围。安全、有保障的制度并不意味着自由放任，更不意味着一个安逸、顺从的环境。安全的氛围是指管理层的坚定性和一致性，以及对所有工作人员共同享有的优先事项的明确理解。采用这种方法，护理人员的培训、专业精神和纪律是第一要务，优先于关于客户培训和纪律的想法。

在管理干扰行为时，坚定性、可靠性和一致性是理解的基础。仅仅有仁慈和同情是不够的。理解对于促进营造安全可预测、包容的环境至关重要，而这种安全感是消除导致动乱和暴力的恐惧和焦虑所必需的。要将这类管理方法引入学习障碍者的护理工作，确实需要大幅提升护理人员的培训和专业水平。不过，由于后者的培训已经严重不足，可以说，任何旨在培训、控制或促进智力受损人士发展的政策，如果由未经培训和心理不成熟的员工执行，则可能会产生与其旨在解决的问题一样多的问题。

用来改变行为的相对简单的概念，如分心或诱导，可能被视为无害甚至有利的，但当产生意想不到的结果时，它们只能被理解为无法解释。在管理一名 7 岁学习障碍儿童的过程中发生的一个小插曲，说明了对精神分析方面不知情的工作人员所面临的困境。

特里（Terry）是一个从婴儿时期就表现出严重精神错乱的男孩，当他的父母最终发现他太难控制时，他被送进了寄宿托儿所。他唯一的爱好是拼图游戏。他技术高超，速度也很快，但他总是坚持做同一个难题。他的主要护理人员认识到了他的天赋和能力，想让他继续前进，以鼓励他的能力得到一些发展和拓展。护理人员已经为缓慢的进展做好了准备，即使更换一种拼图也会被视为一种进步。然而，特里无法从对熟悉的拼图的依恋中分心，护理人员最终决定把原来的拼图拿走并藏起来，这样特里就可以对新的拼图感兴趣了。特里一开始反应强烈，这是意料之中的。在接下来的一两周里，他的行为开始变得越来越不正常，包括他出现幻觉的迹象，护理人员很难相信拼图的丢失对他来说如此重要，特别是考虑到他们的意图是帮助男孩发展而不是惩罚他。

特里全神贯注于拼图游戏，不能简单地从他的行为和兴趣来理解，而要从拼图游戏给了他一个他可以掌握和完成的任务的涵容功能来理解。拼图游戏变成了他深深依恋的一种具体的涵容体验，而没有产生一种内化的涵容体验可以使他能够从事其他活动。特里试图用这些活动来充实自己的时间，以避免感到不满或沮丧。对特里来说，这种放松的体验不是来自满足感，而是来自一种完全不同的体验，即通过重复的活动来摆脱紧张。他有一定的语言能力，但不足以达到容纳情绪和思想或感情的语言表达的要求。同样，他对他所使用的词语的理解不能等同于接受和理解护理人员的意图。

只要同化和内向投射过程保持不变，用弗洛伊德的话说，"转向客体印象之间的关系"（弗洛伊德，1911），并且不被疏散投射所破坏，就可以为语言思维的表达奠定坚实的基础。

当投射的疏散过程占主导地位时，语言思维在一开始就受到损害，而不是产生学习的连接、关联和表达过程，用比昂的话说，就是一种强化的努力，迫使支离破碎的经验元素变成不加选择的、不适当的"凝聚"（比昂，1957）。特里的拼图游戏"技巧"是自闭症儿童的普遍成就，反映了这种"无意识"状态。像大多数自闭症儿童一样，他对拼图的兴趣不是由对任务的理解和图形线索的使用引起的，而是限于对形状的感知，并且拼图可以很容易上下颠倒地完成。

像特里这样的孩子，在获得语言能力之前，他们的发展就已经受到了影响，因为语言具有包含情感的功能，他们的困难最能体现在无法实现叙事上。从抄写中学到的单词和短语可能是可用的，但缺乏沟通所必需的叙述的连贯性，使个人交往变得枯燥、沉闷。直接的或远距离的回声式语言表达，并没有达到与意义的联系。如果这种语言被认为是一种智力的标志，或者它的空虚感很容易被听众提供的含义所补偿，那么就会产生更多的困惑和挫败感！

结　论

　　我在本章中一直倡导的学习障碍治疗方法强调，面对学习障碍者存在的巨大的不耐烦、冷漠、疏忽和鲁莽，工作人员需要更多的耐心和细心。在我看来，我提请注意的情感涵容的缺乏构成了主要的缺陷，无论是情感因素、体质因素还是生理因素，都是这种失败的主要原因。这种根本缺陷意味着，要推动发展，就必须在环境中，即在社会和教育环境的组织和结构及专业人员的个人情感能力中，找到必要的情感涵容。护理人员必须忍受绝望和以放弃和屈服形式表现出来的绝望，这是在促进合作和利益的斗争中必须抵制的两个对手。

　　我不能低估在需要采取某种信仰行动的情况下进行如此根本性改变的困难。护理人员拒绝采用似乎违背他们自己有意识推理的态度和技巧，除了持续的精神分析监督，还需要认真的准备工作，才能使态度和政策发生重大变化。除了个别心理学家进行的零散精神分析监督，在我们的国家卫生服务机构中，几乎没有认真尝试将精神分析思想用于管理和照顾学习障碍者。我们对心理发展过程的理解的理论和临床进展（比昂，1962a）已经给精神分析和个体精神分析心理治疗的实践带来了有益的变化，这些理解的进展现在需要转化为那些为学习障碍者提供需求的优势。塔斯廷在治疗个别自闭症儿童方面的工作有助于证明自闭症中智力损伤的特点是前语言的、以感官为主导的。她向我们展示了一幅与我们自身经历截然不同的世界图景，她的发现值得我们关注。

每一种可能对该领域产生影响的新认识都需要研究，尤其是因为这有可能为那些试图在这种学习障碍的挑战和困惑中工作的人提供帮助。此外，这些挑战将持续增加，因为越来越多的有暴力倾向的个体被收容在社区中，比昂在他的著作中明确指出，对前语言状态的理解是理解人类发展及其障碍的关键，塔斯廷的著作中也充分说明了这一点。因此，对学习障碍现象的阐释取决于对交流的前语言成分的调查，而现在精神分析理论为这一点提供了最合适的工具。

第 12 章

上帝的复活

光明在黑暗中闪耀；但是黑暗无法战胜光明。

——《圣经·约翰福音》1:5

弗朗西斯·塔斯廷出生的环境充满了宗教热情和虔诚。她的父母都是基督教福音的信徒和追随者，他们的一生都献给了教会及相关工作。他们都是善良的人，热情且相信灵魂救赎，但正如他们的女儿讽刺地说的那样，在这个世界上，他们对不朽灵魂的关心往往超过了对他们或她的生命的关心。父母两人都是英国国教徒，但可以说，他们来自不同的机构，她母亲的高等教会传统与她父亲的不循规蹈矩的经历形成了鲜明对比。他们的冲突和争论总是关于宗教问题的，因为每个人都试图使对方接受自己对真理的理解。作为善良和真理的源泉与上帝沟通，对两个如此认真和真诚地渴望过上美好生活的人来说至关重要，但宗教信仰使他们分开了，而不是把他们团结在一起。他们与他们的神的关系充其量是共生的，并没有为他们彼此关系的情感现实留下空间。矛盾的是，这阻碍了他们过上自己想要的生活，并使他们与各自宣扬的理想分道扬镳。

他们的矛盾很深，不仅仅是个性冲突和传统或宗教教条造成的差异。他们致力于深入探索和了解自己及自己在世界上的位置，但他们的思想摒弃了他们共同生活的情感现实和意义，他们认为这是次要的，相反，他们从人性转向了神性，走向了宗教理想，然后变成了一个贫瘠的战场。米妮修女认为人类的兽性是可怕和罪恶的，是需要拯救而不是发扬的。她不知疲倦地努力过着一个好女人的生活。但是，由于她一心一意追求神圣，她对日常生活的了解很少，而且她认为知识探索没有任何好处。

人类的好奇心和认识论不断地向黑暗的边缘推进，在容纳新思想和允许思维增长的压力下，对心理涵容提出了持续的挑战。学习过程中固有的挫折和恐惧源自动物原始冲动的遗传，它对思考所需的延迟有着深刻的、本能的敌意。有宗教信仰的人通过寻求与终极真理所在的神合一来避免这些冲突和责任。在维克斯家，这是母亲的启蒙之路。她不赞成任何新的想法，认为自己已经找到了真理，她认为她那个时代的求知欲和心理探索是一种罪恶。对父亲来说，思考的自由太多了，他接受了无政府主义的哲学，这使控制思考的责任在自发性和自由的幌子下被打破。他对他认为自己已经发现的真相感到矛盾，最终，他回到了他妻子的道路上。他们的女儿将她的研究天赋用于思考思维过程，并探索那些根本无法想象生活的人的感官涵容的雏形，他们存在于外部世界，却生活在最深的精神黑暗中。

神话之光

比昂认为人类的思想能力仍处于发展的萌芽阶段，他的工作集中在寻找人类思维模式和结构的研究上，这些模式和结构随着时间的推移在各种不同的环境中保持不变。他试图从这些模式中分离出可能有助于揭示我们大脑运作方式的不变量。神话和宗教的历史提供了一个领域，其中有大量人类早期试图用他们的思想来理解他们生活的世界和他们在其中的位置的遗迹。

在神话中，比昂为某些构型的一致性找到了丰富的证据，他将神话视为一种宝贵的实况调查工具，他在研究思维时使用了这种工具。神话是关于起源的故事，是关于事情如何开始的叙述。它们讲述了一个关于事物如何形成的故事。它们是关于自然力或自然现象的思想的表达，尽管是以原始的图像形式表达的，但作为复杂的科学公式的原始对应物，它们具有重要意义。虽然科学观察试图引入更高的精确度，但它却没有很好地记录神话中传达的情感活力，而这种活力有其自身的意义。这一点的重要性在精神分析观察的案例中尤其突出，因为其中的研究对象不是感官的，而是精神的。

20世纪初，弗洛伊德（1913）和荣格（1919）都指出了神话内容与无意识世界之间惊人的相似之处。在弗洛伊德的著作中，神话在推进他的研究中的作用及其对精神分析发现的贡献使人们普遍认可了俄狄浦斯故事（弗洛伊德，1900）。神话具有存在功能，涉及人类生存的基本主题，这些主题在世界各地的不同神话中都很常见。例如，关于人类创造的神话似乎是普遍存在的，关于宇宙大灾难的故事也很普遍。

在弗洛伊德的俄狄浦斯理论的基础上，比昂补充了他对故事中其他方面的观察，这些观察阐明了除了性因素外的人格功能（比昂，1963）。他认为俄狄浦斯（Oedipus）是"坚定的好奇心战胜了恐惧"，因此也是科学调查的象征。由于永恒的主题是对人格的好奇，因此与精神分析调查的联系是显而易见的。当俄狄浦斯神话的这一方面与其他神话的主题结合起来时，人们就获得了信念，而由此产生的结构在应用于学习工具发展的原始阶段时具有特殊的相关性。

从故事的独立叙述中抽离出来，比昂在每一个故事中都选择了他认为重复提及了共同主题的那些元素，即好奇心的罪恶。他考虑了提瑞西阿斯（Tiresias）的警告，并将俄狄浦斯神话的这一方面与伊甸园神话、巴别塔神话中语言混乱对语言的攻击联系起来。所有这些都显示了对知识的不同程度的敌意，以及试图获得知识的后果——惩罚和放逐。他在斯芬克斯（Sphinx）和俄狄浦斯自我惩罚的灾难中发现了类似的模式。他从故事中所包含的这些零散的参考资料中关注潜在结构是对好奇心和求知欲所带来的可怕后果的具体警告。很久以后，有关基督的信息以更温和的措辞表达出来，但似乎也劝告人们不要思考——"我就是道路、真理、生命，若不是借着我，没有人能到圣父那里去。"（《圣经·约翰福音》14:6）

当俄狄浦斯主题被视为与个人发展学习工具的原始阶段有关的私人神话时，比昂并没有取代现有的理论，而是将其应用扩展到更深层次的功能。他发现关于创造和毁灭的神话故事与最早的攻击思维形式的假设有关，这种思维形式导致精神病性障碍。他的表述集中在需要揭示那些原始的心理因素上，这些因素继续对自我认识的进步和思维的未来发展构成重大威胁。这个问题似乎是人类被他们所追求的心理发展所困扰。

克莱因描述了精神障碍患者，他们对客体的攻击不仅导致客体解体，也导致自我解体（克莱因，1946）。比昂（1962a）扩展了克莱因的投射性认同理论，提出了一种以碎片化为特征的病理形式的分裂，这种分裂对正常的心理发展是灾难性的。当现实不能被容忍时，人们能够感知现实的机制就会被摧毁。可怕的后果再次出现，当思维能力的破坏导致从现实和人类情感接触中被放逐时，这就是精神错乱的状态。这是与嵌入在神话意象中的暴怒、惩罚和放逐场景的交集之处。人类心理的进化，以及从动物本能和冲动到人类意识和心理能力的转变，似乎是在容纳力量和解体力量之间持续冲突的基础上进行的，并始终存在着灾难性崩溃的威胁。

比昂认为，人类在进化过程中为沟通和与真理合一而进行的斗争，是人格的一种模式。因此，对思维障碍的理解，以及人类思维进一步进化的可能性，在协调原始动物的本性与抑制和改变其在语言交流中爆发的能力的任务中具有共同的基础。他关于思维起源理论的表述提出存在着一种先驱性的心理活动，或者更确切地说，他称之为"原始心理"活动，这与后来的形式有所不同，但又是其基础。这涉及了解心理品质的斗争，并取决于母亲和婴儿之间发生的情感事件的结果，这些事件对培养婴儿的思维能力起着决定性作用。这一理论的推论是一个有趣而新颖的观点，即心理学知识先于并促进了物理世界的知识，这一见解对思维和社会的进一步发展具有重要意义。

神的降临

世界上每个民族都有自己的神话，现代神话科学研究（弗雷泽，1922）已经证实，在时间和地理空间上相距甚远、文化和种族差异很大的民族的神话故事中有许多相似之处。神话的证据表明，人类在面对身体和精神生存的挑战时，世界各地人们的反应大致相同。神话是试图理解一个对原始人类来说不可预测和令人震惊的世界，也许与塔斯廷试图唤起的自闭症儿童的可怕和不可预测的世界并无不同。早期的神话是试图用经验来解释世界，但是几乎没有引入必要的秩序和可预测性，以提供容纳恐惧并开始缓和原始恐惧的进程。这是由希腊神话中神的出现而引入的。

希腊大地上所有的山丘、山谷、树林、溪流，甚至它们周围的海洋，都被认为是不朽的。早期的希腊人认为神与他们自己很相似，但是更强大、更美丽、更自由。理想的人，但也没有死亡的"缠绕"，这一重要的区别也意味着时间是人类存在的一个因素。神的降临给他们的存在带来了一种稳定的感觉，不久他们就被称为神，就像荷马（Homer）的故事中的神灵一样。荷马诸神与人类没有明显的区别，当荷马因其拟人化而被后来的希腊哲学家批评时，这标志着试图将神性和理想的概念从以自我为中心的人类关注中解放出来的开始。它在人类之外建立了这些理想的、无所不能的品质，将人与神分开，这种分裂标志着思维发展的重要一步。对人类的心理成长来说，能够区分自己是普通人，还是认为自己是万能的、无所不知的，这是至关重要的，而区分神并赋予他们这些品质有助于实现这一点。

神的创造显示了一定程度的自我认知，特别是在命名和识别由个别神所代表的感情、动机和人类活动方面。他们的分离和理想化属于偏执-分裂的组织阶段，构成了分化的必要步骤。减少混乱和不可预测性，可以实现一定程度的秩序和某种程度的安全。几个世纪以来，宗教一直在履行这一职能。据我所知，比昂将神话和宗教的公共历史与个人心理发展的私人历史进行了比较。神和人类的分离是一种有益的文化发展，但只有在人类关系能够实现足够的自我包容以识别感情并区分主体和客体之后，这才有可能实现。有了二重性的概念，就可以想象出另一个"人"：

> 这些在黑暗中变得如此洁白的形态是什么？
> 什么衣服让金花扫帚黯然失色？
> 他们首先赞颂万物之父，然后赞颂其余的神，赞美人的行为。
> 马修·阿诺德，《埃特纳的恩佩多克勒》(Matthew Arnold,
> 'Empedocles on Etna', 1852)

在理想主义的第一阶段，神与人类几乎没有区别。第二阶段包括建立神和人之间的区别，区分有限的人与无限的、超越的神。在第三阶段，宗教关注人类因投射到神身上而被剥夺的优良品质的认识，与这些"神圣"属性的结合成为主导主题。神和人类以这种方式的分离与思想和情感的分离具有相似之处，而思想和情感的分离是人格发展受到干扰所固有的，是思想障碍的特征。在这些分歧之后，尽管有强大的阻力，但这两个领域依旧会走向统一和融合。

自闭症世界中的黑暗与放逐

众神的降临代表了人类思维的进步，并依赖于想象力的发展。作为现实测试的先驱，魔法万能思维是心理发展的必要阶段。那些看不见神的人，仍然在黑暗中。对个人和群体的认同感是想象不同于人类的想象力飞跃的必要关联。在丘比特和普赛克的结合中，身体和灵魂结合的故事或许最能表达这一关键的发展意义。

自闭症患者的特点是他们对与其他人（温和古尔德，1979）的有意义接触的漠不关心，甚至他们自己的身体，也常被视为无生命的。与此同时，他们表现出缺乏同理心和想象力，这已被实验证明（拜伦 - 科恩等，1985）。根据精神分析理论，他们对世界经验的内化是最少的，他们主要通过投射来从压倒性的焦虑中寻求解脱。对他们来说，这不是任何"黑暗中的形式"的形成，相反，正如塔斯廷如此生动地描绘的那样，这是一种对黑暗和空虚的绝望恐惧，是对意义的放逐。无论自闭症患者是坎纳所说的僵硬的，塔斯廷所说的情感上封闭的，还是情感和感知上困惑的，用塔斯廷的话来说都是纠结的，将他们描述为一种不虔诚的生物并不合适。

投射和内射的严重失衡抑制或破坏了内化能力和自我意识的发展，也排除了理想化的可能性（以及神的概念），并证明了属于生命早期经验的因素的深远意义。婴儿与母亲的关系是了解世界和自我以及自我在世界中的位置的原型。自闭症儿童是不同的，在比昂的思维理论中提到过：他们的思考能力和理解能力是有限的。比昂引入了符号 K 来表示在理解现实、洞察力和理解自己与他人所必需的基本思维形式中涉及的情感体验。在思考中与对象建立关系，就像在爱（L）和恨（H）中一样。如果是 xKy，那么"x"处于逐渐了解的状态，而"y"处于逐渐被"x"所了解的状态。自闭症儿童的显著不同之处在于缺少 K。自闭症儿童主要依靠他的眼睛来探索世界，虽然这可以发展出非常高的敏锐度和敏感度，但它本身是一种感知模式，不适合于了解他人的情感任务。避免与他人眼神接触也是自闭症儿童的一个特点，不要将其与丧失兴趣混为一谈，因为自闭症儿童的视觉敏锐度和敏感度通过最短暂的一瞥就能满足。当听和看结合在一起时，人与人之间才会产生最活跃的和弦，这可以从婴儿观看和聆听慈爱的母亲时伴随着早期咿咿呀呀声的愉悦的身体反应中观察到。

除了看，自闭症儿童还使用其他感知方式，特别是触觉和嗅觉，但并不容易将看和听结合起来。倾听是了解别人的想法和感受的一种方式，意味着从听觉和心理上接受一些东西。原始的内射 - 投射过程的平衡更多地偏向于焦虑的投射和释放，而不是对意义和安慰的吸收，眼睛是这种投射的主要载体。眼睛被诗意地称为灵魂的窗户，窗户允许光线向内和向外双向传播。依靠视觉线索创造了内外混淆和颠倒的最大机会，而听觉线索的关闭则大大减少了知觉刺激的进入。

所有的临床医生都证实了这些理论特征（梅尔泽等，1975；温，1981；弗里斯，1989；阿尔瓦雷斯，1992）。里德（1990）描述了一个受过创伤的两岁孩子逐渐恢复了观察和倾听，这预示着自闭症防御机制的解冻，治疗师作为生命和理解的源泉得到了欣赏。自闭症的情感死亡似乎与看和听这两种主要接受模式的分离密切相关，这两种模式结合在一起，产生了识别和反应的"大爆炸"。默里在电影中记录了当最佳结合受到威胁或干扰时，婴儿行为的质量差异的显著证据（默里和特雷瓦利，1985；默里，1992）。在这里，我不会讨论内在化经验能力发展中的母婴因素，因为我的重点是探究塔斯廷之前提到过的自闭症中存在的那些精神孤立和黑暗的状态。当投射过程的"过度增长"因压倒性的恐慌和恐惧而淹没了发展心理时，个体似乎被放逐到一个由具体对象（包括人）组成的外部世界中，他可以从字面上看到这些对象，但由于内射过程的最小操作而无法理解。

从今以后，这种可能继续下去的发展将是在自动层面进行的，在那里，观察和复制物体看起来像是人类生活的样子，但会让人感到孤独，就像第 10 章讨论的萨姆和萨拉的情况一样。当弗里斯讨论一个自闭症年轻人的自传节选时，他也感受到了同样的脱节，他和萨姆一样，抱怨自己很孤独，想要一个同伴，但他不理解人际关系的本质，也不理解他是如何走到今天这一步的："也许读到这篇文章的人会和我联系。我希望能给我一些爱和感情的人能和我联系。"（大卫的自传，引自弗里斯，1989）。孤独和空虚是感人的，但诉求的被动性是不协调的。

在自闭症的极端情况下，即使是模拟生活也没有吸引力，许多自闭症患者如果不受干扰，也会满足于待在自己的感官堡垒里，只有在生存需要时才会短暂地与人接触。我们在强迫性病理学中发现了一种不太妥协的退缩，在这种情况下，外部客体的世界有时可以转向一些好的方面，但世界的关系仍然是高深莫测和难以捉摸的。强迫症病理学的极端案例提供了进入精神恐惧和恐慌世界的另一个入口，这些经历得到了强迫症患者的证实，而在很大程度上，自闭症患者仍然无法接触这些经历。强迫症患者的行为取决于他在外部世界的经历，下面的描述让我们看到了当不受约束的恐惧和对逃跑或消失的精神恐惧占主导地位时问题的严重性。

马克斯

马克斯之所以前来接受评估，是因为医疗和社会机构越来越难为他找到合适的安置场所。他不停地寻求"帮助"，这让他接触的所有专业人士都精疲力竭，而我在评估面试中的经历也充分证实了这一点。他滔滔不绝地说个不停，其中一些表达了一个连贯的故事，一些却又非常混乱，整个过程穿插着对专业人士的抱怨和建议，他认为他应该得到他们的帮助。任何时候似乎都没有迹象表明他希望我说些什么，事实上，他几乎没有给我留下说话的机会。

我以为他是在寻找一种抑制焦虑的体验，这种焦虑不断地威胁着他。他所能做的似乎只是把它释放出来，所以他被迫继续这样做。他对自己绝望生活的描述表现了他对寻找一个容纳性客体的极大关注，但他与外部世界解决方案相关的活动和他的情感需求仍然完全没有被认识到。

试图实现涵容的两种具体方式很有趣，但也令人感到悲哀。一种是通过电视节目寻找与他有某种亲近感的人，他认同那些他认为在教育、天赋或教养方面具有卓越品质的人。他的一生都在为被选中的人录制视频，他收集了如此多的磁带，以至于他的房间被塞得满满当当。最后，他开始睡在地板上，因为他的床也被用来存放磁带。另一种是把自己的想法写下来，作为一种尝试了解自己生活的方式，但他再次感到挫败和沮丧，因为他发现钢笔的墨水用完了。当他向我抱怨这件事时，他似乎觉得应该有一支墨水不会用完的钢笔，这样就可以一直不停地写下他无尽的焦虑。在这次令人困惑的采访中，"钢笔的墨水用完"是一个反复出现的主题。马克斯是一个异常心烦意乱的人，他的早期婴儿护理被认为是混乱的。他迫不及待地想要找到一个能给他带来边界感和存在连续性的容器，但他在外部世界中仔细地寻找某种本质上是内在的、情感的东西，这种东西在他早期的婴儿经历中缺失了，而他现在却找不到了。他只能让别人感到莫名其妙，这使他不知所措。他不知道自己需要什么，也不明白自己怎么会无法获得解脱。我也找不到办法帮他看看我能提供什么。

拯　救

自闭症儿童，像我在这本书中描述的马克斯和其他人一样，似乎迷失在了普通的人类接触的世界里，而他们对生命的外在表现的极度依恋使这一切变得更加荒凉。他们的困境是很难想象的，塔斯廷的工作是帮助概念化和阐明这样的前语言状态，并解决无法想象的经验问题。如何从流亡中找回那些几乎不相信自己存在的人仍然是一项任务。

塔斯廷描述了她能够帮助的孩子，但她也认识到，问题的严重程度远远超过了现有的资源和理解与帮助的能力。很少有处于这种可怕状态的患者能够得到精神分析方面的帮助，但与那些曾经得到过精神分析帮助的人一起工作，在描述问题的性质方面具有很大的价值，并有助于改进所能采取的措施的适当性。

开始"找回"失去的灵魂的不平等斗争的真正原因在于有机会研究出现问题时最原始的心理状态，并在那里发现健康心理发展所必需的因素。阿尔瓦雷斯在她对罗比的长期治疗中发现了一种重要的母性功能，她称之为"重生"。这再次强调了塔斯廷的观点，即患有自闭症的儿童必须在其生命中尽可能早地接受治疗，在强有力的戒断策略变得僵化之前。里德 (1990) 在一篇论文中证实了这一观点，该论文指出，该策略对严重戒断的两岁儿童的治疗反应非常迅速。

治疗师的启迪功能对于意识到"容器—被容纳者"之间的动态关系十分重要。包容的母性功能并不在于像马克斯对待我那样，作为一个被动的容器而存在。另一位强迫症患者（一位年轻的女毕业生）向我描述了这种涵容态度的惊人后果，对她来说，转变到一种更有活力的涵容意识是缓慢而痛苦的。她说，尽管她在智力上取得了成就，但她无法理解成长的过程。她只能理解积累或收集的过程（参见比昂的"凝聚"），虽然她可以接受成长的过程，但这个过程对她来说毫无意义，是一个持续的困惑。

宗教的功能也包括恢复和涵容，它的历史发展是心理发展的一部分，也是我们试图了解自己和我们的世界的一部分。宗教通过提供一种可以替代情绪控制的结构，继续为许多人提供抑制焦虑的办法。强调拯救的团体为那些受到精神病性抑郁症"黑洞"威胁的人和那些被自闭症和强迫症困扰的人带来了极大的安慰。"重生"的体验似乎与在神那里体验到一种新的包容感而找到新的身份有关。宗教涵容往往成功地取代了毒品和酒精，作为对解体恐惧的防御，并在这方面进一步证明了涵容概念的重要性，以及在内部资源不足时找到良性替代办法的重要性。

宗教似乎也是塔斯廷的患者彼得的最后求助客体，他后来的强迫性防御足以让智力得以发展，但不适合建立有意义的个人和情感关系。他的生活的机械般的品质最终与一个能够容纳它的环境相匹配，他在一个犹太教团体中找到了一席之地，在那里，他的生活与他的个人关系按照上帝规定的规则和仪式被赋予了秩序和意义。宗教的涵容和恢复功能对社会仍然很重要，但在人类心灵整合的发展过程中，用比昂的话说，"这是一种既是上帝（母亲）的恢复，又是上帝（无形的、无限的、不可言喻的、不存在的）进化的活动"。由于受自身宗教背景的影响，塔斯廷在研究自闭症的过程中，思想发生了变化，为困扰她父母的压力和焦虑带来了新的意义。她的母亲为她的基督教信徒的灵魂而工作，塔斯廷对那些对生命（拉丁语中的 Animus，灵魂）的理解很浅薄的人很感兴趣。她还给精神分析带来了富有想象力的图像化思维方法，这更像是比昂想要恢复的具有神话特征的方法，以使研究更受尊重。她以自己独特的个人风格，为我们提供了比昂的科学复杂的方式，但对许多人来说，这是使他们更容易理解的启发性的阐述。

术语表

黏附性认同（Adhesive identification）

埃丝特·比克最先用来描述一种缺乏情感深度的像纸一样薄的关系。这种关系是很容易且迅速地形成的，经常成为受剥夺的儿童社会生活的特征。在这种关系中，身体接触代替了情感生活，焦虑是通过频繁变化的关系来控制的。梅尔泽详细阐述了黏附性认同的概念，他将这种关系描述为二维的，以强调锐减的精神涵容能力。

阿尔法功能（Alpha function）

比昂创造的一个抽象术语来描述人最基本的思维形式，他希望保持这个概念的开放性，以避免过早地概念化其中还未知的过程。阿尔法功能基于感觉印象和情感来产生阿尔法元素，这些元素能够被存储为记忆，并且可以运用于思想和梦中。它们是原始的、表意的和前语言的，是符号化的前提。如果患者不能将他的情感体验转化为阿尔法元素，无法处理内部感觉材料，他就不能做梦。弗洛伊德指出梦作为睡眠的保护者是非常重要的，因此当阿尔法功能失效时，患者既不能做梦，也不能睡觉。而临床上，精神病状态是患者既不睡觉也不清醒的状态。

自闭症客体（Autistic object）

即自闭症儿童用来固定、排列或旋转的物体。自闭症儿童只用它们来达到自己的目的，而不按照它们本身的用途来使用。

自闭症形状（Autistic shapes）

感觉可以说是精神生活的先驱，塔斯廷用感觉"模型"或感觉"客体"来描述早期的感觉印象。在这个层面上，强迫性或对当时事物的沉迷干预了感觉正常社会化使用的发展，此时感觉形状变成自闭症感觉形状或自闭症形状。根据塔斯廷的说法，这可能导致精神发展的感觉世界被用来阻碍患者的内心发展。

β 元素（Beta element）

β 元素是还"未消化"的东西，是事物原初的状态，但不能被记住。比昂认为 β 元素与康德关于"物自体"的观点相近，但现象截然不同。β 元素是一种客体，它只能通过发泄来处理，以"摆脱刺激的心理负担"（弗洛伊德，1911），因此适用于投射性认同和见诸行动。

边缘型（Borderline）

这个词有着悠久的历史，传统上指的是神经症和精神病之间的界限。它可以用于描述神经症患者，而不是指具体的精神病症状，但在临床上认为它是利用精神病特有的机制来描述患者精神病水平焦虑的精神病患者。现代精神分析学家进一步发展了这一概念，将这一名称赋予一种特定的精神结构的界限，在这种结构中，患者感觉自己生活在心理世界内外、疯狂和理智之间的边界上。这一临床经验也被认为表明了在偏执型精神分裂症与克莱因所制定的抑郁位置之间的边界发展水平。

概念 / 前概念（Conception/pre-conception）

比昂的思维理论中用来描述思维过程的生物体细胞的术语。前概念是一种与生俱来的期望，就像婴儿期望有一个乳头进入口腔一样。它是通过实现预期想法来完成的，这就会产生这样一个概念。这样一个既定的概念可以被命名为一个前概念。

死亡本能（Death instinct）

死亡本能的概念是弗洛伊德在《超越快乐原则》（*Beyond the Pleasure Principle*，1920）中介绍的。他认为所有的有机本能本质上都是保守的，并且认为这些原则是为了让精神恢复以前的状态，而不是对现有状态的改善。从这个角度看，有机生命状态的改善其实一直是为其努力回到最初状态而服务的。弗洛伊德用"无生命的东西存在于生物之前，所有的生命都会死亡，并最终返回到无机体"这一观点来支撑他的死亡本能论点。死亡本能在克莱因理论中占有重要地位，但它在整个精神分析领域中仍然存在争议。这是一个具有重要意义的概念，尚待充分理解。

抑郁位置（Depressive position）

这是一个克莱因式的概念，表示婴儿（或正在分析的成年患者）在意识到自己的爱和恨是针对同一个人（母亲）时精神所处的新位相。抑郁位置与矛盾情绪和容忍矛盾的能力紧密相关。他们会对被婴儿的仇恨所破坏的客体感到担忧，并伴随着修复的愿望。但"抑郁"一词有些误导性。临床抑郁症与无法达到抑郁位置、早期偏执型精神分裂症水平的固态及内疚的病理性夸张有关。

内向投射（Introjection）

内向投射与投射相反，是指内化或吸收被外部客体照顾的经验的过程。外部客体和经验的内部表征的形成意味着内部世界心理结构的开始。内向投射是以纳入为模式的，与认同密切相关。婴儿与主要照顾者的关系的发展是在平衡内向投射和投射的基础上进行的，将痛苦和焦虑投射到客体上，并给予无微不至舒缓的关心、安全和爱。

自恋（Narcissistic）

参考纳西索斯（Narcissus）的神话故事，弗洛伊德创造了"自恋"一词来表示基于认同和自我参照的关系选择。患者将爱放在一个与自我相似的事物上，它代表了一种与自我的关系，而不是与他人之间的明显区别。情感、奉承和理想化不断被要求作为抵消自恋型人格空虚的补给。

客体（Object）

与主体相反，客体最初是为了满足主体的愿望或本能需要。在精神分析中，客体指的是人或人的一部分或其符号。内部客体是从与外物关系的经验中衍生出来的，存在于心理现实中。内部客体可能与外部客体一致，也可能不一致。客体可能会体验为好的或坏的，内部或外部的，整体或部分的。个人的成熟取决于是否有能力区分内部和外部，即幻想和现实。

客体关系理论（Object relations theory）

在精神分析中，客体关系理论成功地取代了本能理论，因为人类的中心关注点更多地与个人需求联系在一起，从而与其他人建立了联系，并摆脱了弗洛伊德关于减少本能紧张感的观点。现在，客体关系的概念被广泛地应用于精神分析中，以表示个人与世界相关的典型模式。

强迫（Obsessional）

强迫症的特征包括认真、有序、理性和控制情绪的轻微性格特征，以及患者感到被迫重复的强迫性行为。但无论在哪种情况下，强迫症存在的潜在威胁都是焦虑和失去控制。在极端强迫情况下，患者会经历丧失生存的恐惧，并且这种恐惧可能会完全控制他，使其陷入困境。对精神世界的内外混淆意味着患者会对外部世界采取行动来控制属于内部幻境世界的恐惧。这种行为经常是重复的或仪式性的。

全能（Omnipotence）

全能幻想指的是对内在和外在几乎没有区别的精神状态。因此，患者相信思想可以影响外部世界。全能被认为是婴儿思维的一个特点，它会受到经验和日益增长的容忍现实挫折的能力的调节。全能思维存在于精神病状态中，也是原始宗教、仪式和魔法思维的基础。

偏执 - 分裂位置（Paranoid-schizoid position）

这是由梅兰妮·克莱因提出的一个术语，用来表示婴儿最早试图构造自己的世界。一开始，攻击性本能和本能期望就是并存的，两者的分裂意味着破坏性试图占据主导地位。婴儿把他的整个经历分成好的和不好的部分，其中包括他的自我和客体的特征，他把不好的经验投射到一个不好的客体上，然后认为这是一种迫害。偏执 - 分裂位先于抑郁位置，但克莱因选择用"位置"一词强调了偏执位置和抑郁位置之间的流动性和持续波动。偏执型精神分裂症患者经历的是一个"要么是全部，要么什么都没有"的世界，在这里，焦虑

是迫害性的。这也是一个道德世界，在那里几乎没有容忍或怀疑的
余地。其成熟程度随着对关注的情感品质的接纳、对怀疑的宽容和
一种表示抑郁状态的负罪感而增加。偏执型精神分裂症的结构在生
命的头 4 个月中占主导地位，直到抑郁开始成为一种调节性的影响。
在这两种心智结构之间，在两个位置或顶点之间的波动（从中查看
世界的经验）在整个生命中都在持续。

投射（Projection）

　　投射是一个广泛使用的术语，通常定义不明确。其原始几何意
义是指平面之间图形上的点的对应关系。在神经学中是指外周受体
与中枢刺激之间的对应关系，其中一个是另一个的投射。心理学中
的投射是指主体根据自己的心理属性、个性特征和兴趣来感知自己
的环境。弗洛伊德认为投射是一种身体正常机制，而克莱因认为投
射是正常发育过程的一部分。投射是一个以排泄功能为模型的过程，
它总是涉及排除那些无法在自身中识别或容忍的东西，以及它在其
他人或事物中的位置。然而，该机制也可以作为一种原始的沟通手
段。例如，婴儿把痛苦、饥饿或疼痛的感觉投射到母亲身上，母亲
对此赋予了意义并做出了适当的反应。

投射性认同（Projective identification）

　　这一术语是由梅兰妮·克莱因提出的，是指自我（或整个自我）
的分裂部分的幻影投射，并把这些分裂部分重新定位于与它们认同

识别的客体中。投射性认同作为一种投射方式与偏执型精神分裂症机制密切相关。虽然将自我或自我的一部分投射到客体中的目的是控制或占有客体，但同时会导致主体的人格资源枯竭。

分裂（Splitting）

弗洛伊德用来表示对现实的两种心理态度在头脑中的共存状态。这两种心理态度一个考虑现实，而另一个否定现实，并从期望和欲望的角度来看待现实。正是这种自我分裂造成了精神病现象。经验的分裂意味着对现实的两种不相容的态度是分开存在的，而且是并排存在的，它们互不接触、互不影响。其中只有一种是作为"自我"经历的。自我和客体一分为二与偏执 - 分裂位置有关。比昂将分裂的概念扩展到涵盖与自我分裂和解体相关的一种病理形式的分裂。在这种情况下，经验被切成薄片，而不是被分成相对完整的好的和坏的部分。

移情（Transference）

移情现象是弗洛伊德在临床上发现的。它们与特定成人关系背景下原型婴儿关系的出现有关。移情并不局限于精神分析上的相遇，最有利于观察移情现象的关系是分析性情境。对移情的解释是精神分析治疗的核心，精神分析治疗是在与分析者的这种关系的范围内进行的，在这种关系中，分析者可以接触分析中提出的所有基本问题。

年 表

1913年10月15日她出生于父母工作的英国达灵顿。

1914年她的父亲作为牧师应召在第一次世界大战中服役。

1919年她在谢菲尔德开始上学。

1923年她的父亲成为一所乡村学校的校长，弗朗西斯是他的学生之一。

1924年她作为寄宿生获得斯利福德女子高中奖学金。

1925年她的父亲搬到另一所乡村学校，弗朗西斯转学到格兰瑟姆女子高中，再次成为走读生。

1926年父母分居导致家庭破裂，弗朗西斯与她的父亲失去了联系。

1927年她的母亲回到谢菲尔德担任教会女执事，弗朗西斯回到学校。

1930年她获得高等学校证书。

1931年她当了一年的老师来支付之后四年的大学费用。

1932年她进入伦敦普特尼怀特兰学院接受教师培训。

1934年她取得教师资格并返回谢菲尔德工作并照顾她年迈而生病的母亲。

1938年她在谢菲尔德第一次结婚。

1940年她的丈夫应征入伍参加第二次世界大战并被派往国外。

1941年一个偶然机会，她与父亲恢复了联系。

1942年她的母亲在谢菲尔德去世。

1943年弗朗西斯离开谢菲尔德，并加入了在肯特郡的一个继续教育社区，并于晚上前往伦敦参加伦敦大学的儿童发展课程。

1945年第二次世界大战结束，她的丈夫回到谢菲尔德。

1946年她的第一次婚姻以离婚告终，弗朗西斯回到怀特兰学院当一名讲师。

1948年她和阿诺德·塔斯廷结婚，当阿诺德成为伯明翰大学电气工程教授后，他们搬到了伯明翰。

1950年她在塔维斯托克诊所开始儿童心理治疗培训（从伯明翰通勤）。

1951年她出版了第一本书《少年群体：自闭症潜伏期幼儿的游戏研究》。

1953年她取得儿童心理治疗师的资格。

1954年她成为詹姆斯·杰克逊·普特南研究治疗中心的名誉儿童心理治疗师，同时在马萨诸塞州度过一年，阿诺德在麻省理工学院作为韦伯斯特客座教授。

1955年阿诺德·塔斯廷被任命为伦敦帝国学院的电气工程教授，他们移居伦敦。弗朗西斯在奥蒙德街医院担任儿童心理治疗师。

1964年他们搬到白金汉郡，在阿诺德退休后，她在艾尔斯伯里儿童指导诊所担任全职工作。

1971—1973年她在塔维斯托克诊所接受儿童心理治疗培训。

1972年她出版《自闭症和儿童精神病》。

1973年她返回艾尔斯伯里儿童指导诊所做专职治疗师。

1978年她从国民健康服务系统退休，但仍继续在国内外进行指导和教学。

1981年她出版《儿童自闭症状态》。

1984年她被任命为英国精神分析学会名誉会员。

1986年她出版《神经症患者中的自闭症障碍》，并获得儿童心理治疗师协会荣誉会员资格。

1990年她出版《幼儿及成人的保护机制》。

1993年她被任命为加利福尼亚州心理分析中心准会员。

弗朗西斯 · 塔斯廷的论著

论 文

1958　'Anorexia Nervosa in an adolescent girl '. *British Journal of Medical Psychology*, 31 (3- 4): 184-200.

1963　'Two drawings occurring in the analysis of a latency child '. *Journal of Child Psychotherapy*, 1 (1): 41-46.

1967　'Individual therapy in the clinic '. 23rd Child Guidance Inter-clinic Conference (NAMH, London).

1967　'Psychotherapy with autistic children'. *Bulletin of the Association of Child Psychotherapists*, 2 (3). Private circulation.

1969　'Autistic processes'. *Journal of Child Psychotherapy*, 2 (3): 23 -39.

1973　'Therapeutic communication between psychotherapist and psychotic child '. *International Journal of Child Psychotherapy*, 2 (4): 440-450.

1978　'Psychotic elements in the neurotic disorders of children '. *Journal of Child Psychotherapy*, 4 (4): 5-18.

1980　'Psychological birth and psychological catastrophe '. In J. Grotstein(ed.) *Do I Dare Disturb the Universe*? London: Karnac.

1980　'Autistic objects '. *International Review of Psycho-Analysis*, 7(1): 27-39.

1981　'A modern Pilgrim 's Progress: reminiscences of analysis with Dr Bion'. *Journal of Child Psychotherapy*, 7: 175 -179.

1981b　'"I"-ness: the emergence of the self'. *Winnicott Studies*, 1.

1983　'Thoughts on autism with special reference to a paper by

Melanie Klein'. *Journal of Child Psychotherapy*, 9 (2): 119-131.

1984a　'Autistic shapes'. *Intermational Review of Psycho-Analysis*, 11:279-290.

1984b　'The autistic enclave'. *Bulletin of AGIP.* Private circulation.

1984c　'Autism - aetiology and therapy'. *Proceedings of the Paris Conference on Autism.*

1984d　'Significant understandings in atempts to ameliorate autistic states'. *Proceedings of the Monaco Conference on Autism.*

1984e　'The growth of understanding'. *Journal of Child Psychotherapy*, 10 (2):137-149.

1985　'Autistic shapes and adult pathology'. *Topique*. France.

1985　'The threat of dissolution'. *Dedale*. France.

1987　'The rhythm of safety'. *Winnicott Studies*, 2.

1988　'The black hole - a significant element in autism'. *Free Associations*, 11.

1988　'Psychotherapy with children who cannot play'. *International Review of Psycho-Analysis*, 15.

1988　'"To be or not to be": a study of autism'. *Winnicott Studies*, 3.

1988　'What autism is and what autism is not'. In Rolene Szur and Sheila Miller (eds) *Extending Horizons*. London: Karnac.

1991　'Revised understandings of psychogenic autism'. *International Journal of Psycho-Analysis*, 72 (4): 585-592.

1993　'On psychogenic autism'. *Psychoanalytic Inquiry*, 13(1): 34-41.

1994　'The perpetuation of an error'. *Jourmnal of Child Psychotherapy*, 20 (1):3-23.

书　籍

1951　*A Group of Juniors: A Study of Latency Children's Play.* London:Heinemann Educational Books.

1972　*Autism and Childhood Psychosis*. London: Hogarth; New York:

Jason Aronson (1973).

1981a　*Autistic States in Children*. London and Boston: Routledge & Kegan Paul.

1986　*Autistic Barriers in Neurotic Patients*. London: Karnac; New Haven:Yale University Press.

1990　*The Protective Shell in Children and Adulis*. London: Karnac.

1992　*Autistic States in Children*. London: Routledge. Revised edn.

视　频

Five for Further Education Seminars (2 in London, 3 in Paris):

 Dr Marion Solomon

 1023 Westholme Avenue

 Los Angeles

 California 09924 USA

Two lectures for California Institute of the Arts:

 Dr Jeannette Gadt

 Dean of Division of Critical Studies

 California Institute of the Arts

 Bean Parkway

 California 91355 USA

Hello Mrs Tustin. Interview for Hommage à Frances Tustin, Alès-en-Cevennes,France, 24 -5 October 1992:

 Dr Claude Alliona

 L'Amounié

 Pierregras 07460

 St Andre du Cruzières

 France

参考书目

Alvarez, A. (1980) Two regenerative situations in autism: reclamation and becoming vertebrate. *Journal of Child Psychotherapy,* 6: 69-80.

——(1992) *Live Company*. London and New York: Tavistock/ Routledge.

Anthony, J. (1958) An experimental approach to the psychopathology of childhood autism. *British Journal of Medical Psychology,* 31(3, 4): 211-225.

——(1973) Tustin in Kleinian land. Review of Autism and Childhood

Psychosis. *Psychotherapy and Social Science Review,* 1(5): 14-22.

Arnold, M. (1852) Empedocles on Etna. In H. Newbolt (ed.) *Poems of Matthew Arnold*. London and Edinburgh: Nelson & Sons.

Balbimie, R. (1985) Psychotherapy with a mentally handicapped boy. *Journal of Child Psychotherapy,* 11(2): 65-76.

Balint, M. (1968) *The Basic Fault: Therapeutic Aspects of Regression*. London:Tavistock.

Baron-Cohen, S. (1989) The autistic child's theory of mind: a case of specific developmental delay. *Journal of Child Psychology and Psychiatry,* 30(2):285- 297.

Baron-Cohen, S., Leslie, A. M. and Frith, U. (1985) Does the autistic child have a 'theory of mind'? *Cognition,* 21:37- 46.

Bazeley, E. T. (1928) *Homer Lane and the Little Commonwealth*. London:NEBC.

Bemperad, J. R. (1979) Adult recollections of a formerly autistic child.

Journal of Autism and Developmental Disorders, 9 (2): 179-197.

Bender, L. (1969) Autism in children with mental deficiency. *American Journal of Mental Deficiency,* 64: 81-86.

Bennett, A. (1992) *The Madness of George III*. London and Boston: Faber & Faber.

Bettelheim, B. (1967) *The Empty Fortres: Infantile Autism and the Birth of the Self*. New York: Free Press.

Bibring, E. (1953) The mechanism of depression. In P. Greenacre (ed.) *Affective Disorders*. New York: Interational Universities Press.

Bick, E. (1964) Infant observation in psychoanalytic training. *Interational Journal of Psycho-Analysis*, 45: 558-566.

——(1968) The experience of the skin in early object relations. *Intemational Journal of Psycho-Analysis*, 49: 484-486.

Bion, W. R. (1957) Differentiation of the psychotic from the non-psychotic personalities. In *Second Thoughts: Selected Papers on Psychoanalysis*. New York: Jason Aronson.

——(1962a) A theory of thinking. *International Journal of Psycho-Analysis*,43. Also in W. R. Bion (1967) *Second Thoughts*. New York: Jason Aronson.

——(1962b) *Learning from Experience*. London: Heinemann.

——(1963) Elements of psychoanalysis. In *Seven Servants*. New York: Jason Aronson (1977).

——(1965) *Transformations*. New York: Jason Aronson.

——(1967) *Second Thoughts*. New Y ork: Jason Aronson.

——(1970) Attention and interpretation. In *Seven Servants*. New York: Jason Aronson (1977).

Bleuler, E. (1911) *Dementia Praecox or the Group of Schizophrenias*. (Trans.)J. Zinken (1950). New York: International Universities Press.

——(1913) Autistic thinking. *American Journal of Insanity*, 69: 873-886.

Bollas, C. (1979) The transformational object. *International Journal of Psycho-Analysis,* 60: 97-108.

——(1989) *Forces of Destiny*. London: Free Association Books.

Bower, T.G. (1971) The object in the world of the infant. *Scientific American*, 225: 30-38.

Bowlby, J. (1969)*Attachment and Loss*. Vol. 1: *Attachment*. New York: Basic Books.

——(1973) *Attachment and Loss*. Vol. 2: *Separation, Anxiety and Anger*. London: Hogarth.

——(1980) *Attachment and Loss*. Vol. 3: *Loss, Sadness and Depression*. London: Hogarth.

——(1988) *A Secure Base: Clinical Applications of Attachment Theory*. London: Routledge.

Brouzet, E. (1674) ' Essai sur I' éducation médicinale des enfants et leurs remèdes.' Paris.

Cameron, J. L., Freseman, T. and McGhie, A. (1956) A clinical observation on chronic schizophrenia. *Psychiatry*, 19: 271-281.

Cameron, K. (1955) Psychosis in infancy and early childhood. *Medical Press*, 234: 28-83.

——(1958) A group of twenty-five psychotic children. *Revue Psychiatrique Infantile*, 25: 117-122.

Carroll, L. (1865/1871) *Alice's Adventures in Wonderland; Alice Through the Looking Glass*. Combined vol. (1962). London: Puffin Books.

Clevinger, S. V. (1883) Insanity in children. *American Journal of Neurological Psychiatry*, 2: 585-601.

Cooray, S. (1993) Unpublished paper.

Creak, M. (1961) Schizophrenic syndrome in childhood: report of a working party. *British Journal of Medical Psychology*, 2: 869- 890.

Creak, M. and Ini, S. (1960) Families of psychotic children. *Journal of Child Psychology and Psychiatry*, 1: 156-175.

De Meyer, M., Churcill, D., Pontius, W. and Gilkey, K. (1971) A comparison of five diagnostic systems for child schizophrenia and infantile autism. *Journal of Autism and Childhood Schizophrenia*, 1: 175-189.

De Sanctis, S. (1906) Sopra alcune varieta della demenza precoce. *Revista Sperimentale di Freniatria e di Medicina Legale*, 32: 141-165.

——(1973) On some varieties of dementia praecox. In S. A. Szurek and I. N. Berlin (eds) *Clinical Studies in Childhood Psychosis*. New York: Brunner/Mazel.

Diagnostic and Statistical Manual of Mental Disorders (1987) 3rd edn, rev. Washington, DC: American Psychiatric Association.

Eisenberg, L. (1956) The autistic child in adolescence. *American Journal of Psychiatry*, 112: 607-612.

——(1966) Psychotic disorders in childhood. In R. E. Cook (ed.) *Biological Basis of Paediatric Practice*. New York: McGraw-Hill.

Eliot, T. S. (1909-1962) Burnt Norton. In *Collected Poems*. London: Faber & Faber.

Escalona, S. K. (1953) Emotional development in the first year of life. In M. Senn (ed.) *Problems of Infancy and Childhood*. Packawack Lake, NJ: Foun-dation Press.

Esquirol, J. E. D. (1838) *Des maldies mentales*, vol. 1. Paris: Baillière.

Fonagy, P., Steele, H. and Steele, M. (1991 a) Maternal representations of attachment during pregnancy predict the organisation of infantmother attachment at one year of age. *Child Development*, 62: 891-905.

Fonagy, P., Steele, H., Steele, M., Moran, G. S. and Higgett, A. A. (1991b) The capacity for understanding mental states: the reflective self in parent and child and its significance for security of attachment. *Mental Health Journal,* 13(3): 200-217.

Fraiberg, S. (1980) *Clinical Studies in Infant Mental Health: The First Year of Life*. New York: Basic Books.

——(1982) Pathological defenses in infancy. *Psychoanalytical Quarterly*, 51:621-635.

——(1987) *Selected Writings of Selma Fraiberg*. Columbus: Ohio State University Press.

Frazer, J. G. (1922) *The Golden Bough*. London: Macmillan.

Freud, S. (1900) *The Interpretation of Dreams*. SE, 4.

——(1911) *Formulations on Two Principles of Mental Functioning*. SE, 12.

——(1913) *Totem and Taboo*. SE, 8.

——(1920) *Beyond the Pleasure Principle*. SE, 18.

——(1923) *The Ego and the Id*. SE, 19: 19-27.

Frith, U. (1985) Recent experiments on autistic children's cognitive and social skills. *Early Child Development and Care*, 22: 237-257.

——(1989) *Autism: Explaining the Enigma*. Oxford: Blackwell.

Gaddini, R. and Gaddini, E. (1959) Rumination in infancy. In L. Jessner and E.Pavenstedt (eds) *Dynamics of Psychopathology in Childhood*. New York: Grune & Stratton: 166-185.

Gage, J. (1987) *J. M. W. Turner: a Wonderful Range of Mind*. New Haven and London: Yale University Press.

Galloway, S. (1993) Unpublished paper.

Gillberg, C. (1985) Asperger's syndrome and recurrent psychosis-a neuro-psychiatric case study. *Journal of Autism and Developmental Disorders*, 15:389-398.

—— (1988) The neurobiology of infantile autism. *Journal of Child Psychology and Psychiatry*, 29(3): 257-266.

——(1990) Autism and pervasive developmental disorders. *Journal of Child Psychology and Psychiatry*, 31(1): 99-119.

Goldfarb, W. (1956) Receptor preferences in schizophrenic children. *American Medical Association: Archives of Neurological Psychiatry*, 76: 643-652.

Grandin, T. and Scariano, M. (1986) *Emergence Labelled Autistic.* Tunbridge Wells: Costello.

Grotstein, J. S. (1980) Primitive mental states. *Contemporary Psychoanalysis,* 16: 479-546.

——(1981) *Splitting and Projective Identification.* New York: Jason Aronson.

——(1985) The Schreber case revisited: schizophrenia as a disorder of self-regulation and of interactional regulation. *Yale Journal of Biology and Medicine,* 58(3): 299-314.

——(1986) Schizophrenic personality disorder. In D. Feinsilver (ed.) *Towards a Comprehensive Model for Schizophrenic Disorders.* Hillsdale, NJ:Analytic Press.

——(1987) Borderline as a disorder of self-regulation. In J. Grotstein, M. Solomon and J. Lang (eds) *The Borderline Patient: Emerging Concepts in Diagnosis, Psychodynamics and Treatment.* Hillsdale, NJ: Analytic Press.

——(1989) The 'black hole' as the basic psychotic experience: some newer psychoanalytic and neuroscience perspectives on psychosis. *Journal of the American Academy of Psychoanalysis,* 6(3): 253-275.

Happe, F. and Frith, U. (1991) Is autism a pervasive developmental disorder?Debate and argument: How useful is the PDD label? *Journal of Child Psychology and Psychiatry,* 32(7): 1167-1178.

Hawking, S. (1988) *A Brief History of Time.* London: Transworld Publishers.

Hedges, L. (1994) *The Organizing Experience.* New Y ork: Jason Aronson (in press).

Hermelin, B. and O 'Connor, N. (1970) *Psychological Experiments with Autistic Children.* Oxford: Pergamon Press.

Hobson, R. P. (1984) Early childhood autism and the question of egocentrism.*Journal of Autism and Developmental Disorders,* 14(1):

85-103.

——(1985) Piaget: on ways of knowing in childhood. In M. Rutter and L.Hersov (eds) *Child and Adolescent Psychiatry: Modern Approaches.* Oxford: Blackwell.

——(1986) The autistic child's appraisal of expressions of emotion. *Journal of Child Psychology and Psychiatry*, 27: 321-342.

——(1989) Beyond cognition: a theory of autism. In G. Dawson (ed.) *Autism: Nature, Diagnosis and Treatment.* New York: Guilford.

Hoxter, S. (1972) A study of residual autistic conditions and its effects upon learming. *Journal of Child Psychotherapy*, 3(2).

International Classification of Diseases (1977) Geneva: WHO.

Joseph, B. (1975) The patient who is difficult to reach. In P. L. Giovanni (ed.) *Tactics and Technique in Psychoanalytic Therapy*, vol. 2. New York: Jason Aronson.

——(1982) Addiction to near death. *International Journal of Psycho-Analysis*, 63: 449-456.

——(1989) *Psychic Equilibrium and Psychic Change: Selected Papers of Betty Joseph.* (Ed.) M. P. Feldman and E. Spillius. London: Tavistock/Routledge.

Jung, C. G. (1919) *Psychology of the Unconscious.* London: Kegan Paul,Trench, Trubner & Co.

—— (1964) *Civilisation in Transition. Collected Works*, 10. (Trans.) R. F. C.Hull. London: Routledge & Kegan Paul.

Kanner, L. (1943) Autistic disturbances of affective contact. *Nervous Child*, 2:217-250.

——(1954) To what extent is early infantile autism determined by constitutional inadequacies? *Research Publications of the Association for Research in Nervous and Mental Disease*, 33: 378-85. Revised version in Childhood Psychosis (1973). Washington, DC: V. H. Winston & Sons.

——(1959) The thirty-third Maudsley lecture: Trends in child psychiatry. *Journal of Mental Sciences*, 105: 581-593.

Kant, I. (1787) *The Critique of Pure Reason*. (Trans.) N. Kemp Smith (1929).London: Macmillan.

——(1798) *The Classification of Mental Diseases*. (Trans. and ed.) T. Sullivan (1964). Doylestown, Pa.: Doylestown Foundation.

Kinston, W. and Cohen, J. (1986) Primal repression: clinical and theoretical aspects. *International Journal of Psycho-Analysis*, 67: 337-356.

Klein, M. (1930) The importance of symbol formation in the development of the ego. In *Love, Guilt and Reparation*. London: The Hogarth Press: 219-232.

—— (1946) Notes on some schizoid mechanisms. *In The Writings of Melanie Klein*, Vol. 3. London: The Hogarth Press.

Klein, S. (1980) Autistic phenomena in neurotic states. *International Journal of Psycho-Analysis*, 61: 395-402.

Kohut, H. (1977) *The Restoration of the Self*. New York: International Universities Press.

——(1985) *The Analysis of the Self*. New York: Intemational Universities Press.

Kohut, H. and Wolff, E. (1978) The disorders of the self and treatment: an outline. *International Journal of Psycho-Analysis*, 59: 413-424.

Kraepelin, E. (1896) *Dementia Praecox and Paraphrenia*. (Trans.) R. M.Barclay, (ed.) (1919) G. M. Robertson. Edinburgh: Livingstone.

Lacan, J. (1973) *The Four Fundamental Concepts of Psycho-Analysis*. (Trans.)A. Sheridan (1977). London: The Hogarth Press.

Laing, R. D. (1960) *The Divided Self*. London: Tavistock.

Leslie, A. M. (1987) Pretence and representation: the origins of 'theory of mind'. *Psychological Review*, 94: 412-426.

Leslie, A. M. and Frith, U. (1988) Autistic children's understanding of seeing, knowing and believing. *British Joumnal of Developmental Psychology*, 6:315-324.

Mahler, M. (1949) Remarks on psychoanalysis with psychotic children.*Quarterly Journal of Child Behaviour*, 1: 18 -21.

——(1958) Autism and symbiosis, two extreme disturbances of identity. *Intermnational Journal of Psycho-Analysis*, 39: 77-83.

——(1961) On sadness and grief in infancy and childhood: loss and restoration of the symbiotic love object. *Psychoanalytic Study of the Child*, 17: 332-351.

——(1968) *On Human Symbiosis and the Vicissitudes of Individuation.* New York: International Universities Press.

——(1985) in Proceedings of International Symposium on Separation-Individuation, Paris.

Mahler, M., Bergman, A. and Pine, F. (1975) *The Psychological Birth of the Human Infant*. New York: Basic Books.

Maudsley, H. (1879) *The Physiology and Pathology of Mind*. London: Macmillan. [Quotation from 1880 edn, where it was added in response to earlier criticisms.]

Meltzer, D. (1968) Terror, persecution, dread- a dissection of paranoid anxieties. *International Journal of Psycho-Analysis*, 49: 396-400.

Meltzer, D., Bremner, J., Hoxter, S.. Weddell, H. and Wittenberg, I. (1975) *Explorations in Autism*. Strath Tay, Perthshire, Scotland: Clunie Press.

Meltzoff, A. N. (1981) Imitation, intermodal coordination and representation in early infancy. In G. Butterworth (ed.) Infancy and Epistemology. *London*: Harvester Press.

Meltzoff, A. and Barton, R. (1979) Intermodal matching in human neonates. *Nature*, 282: 403- 404.

Meltzoff, A. and Moore, M. (1977) Imitations of facial and manual gestures by human neonates. *Science,* 198: 75-78.

Mental Health Act (1983) Chapter 20. London: HMSO.

Mercurialis, H. (1583) *De morbis puerorum.* Quoted in J. Ruhrah, *Paediatrics of the Past.* New York (1925).

Miller, J. (1978) *The Body in Question.* London: Jonathan Cape.

Miller, L., Rustin, M., Rustin, M. and Shuttleworth, J. (1989) *Closely Observed Infants.* London: Duckworth.

Mitrani, J. L. (1987) The role of unmentalised experience in the emotional etiology of psychosomatic asthma. Unpublished MS.

——(1992) On the survival function of autistic manoeuvres in adult patients. *International Journal of Psycho-Analysis,* 73(2): 549-559.

Money-Kyrle, R. E. (1978) *Man's Picture of his World.* London: Duckworth. First published 1961.

Murray, L. (1992) The impact of maternal depression on infant development. *Journal of Child Psychology and Psychiatry,* 33(3): 543-361.

Murray, L. and Trevarthen, C. (1985) Emotional regulation of interactions between two month olds and their mothers. In T. M. Field and N. Fox (eds) *Social Perception in Infants.* New Jersey: Ablex.

Neill, A. S. (1968) *Summerhill.* Harmondsworth, Middlesex: Penguin Books.

Oesterreicher, S. (1540) *De infantium morborum diagnotione.* Basel.

Ogden, T. H. (1989) *The Primitive Edge of Experience.* Northvale, NJ: Jason Aronson.

O'Shaughnessey, E. (1992) Enclaves and excursions. *International Journal of Psycho-Analysis,* 73: 603-611.

Padel, J. (1978) Personal communication.

Penfield, W. and Rasmussen, T. (1950) *The Cerebral Cortex of Mind.* London: Macmillan.

Piaget, J. (1937a) *The Construction of Reality in the Child.* (Trans.) M. Cook (1952). New York: Basic Books.

——(1937b) *The Origins of Intelligence in Children*. (Trans.) M. Cook (1952). New York: Basic Books.

Potter, H. W. (1933) Schizophrenia in children. *American Journal of Psychiatry*, 89: 1253-1270.

Rank, B. (1949) Adaptation of psychoanalytic technique for treatment of young children with atypical development. *American Journal of Orthopsychiatry*,19: 130-139.

Reid, S. (1990) The importance of beauty in the psycho-analytic experience. *Journal of Child Psychotherapy*, 16(1): 29-52.

Ricks, D. M. and Wing, L. (1975) Language, communication and the use of symbolism in normal and autistic children. *Journal of Autism and Childhood Schizophrenia*, 5: 191-221.

Riesenberg, Malcolm R. (1990) As-if: the phenomenon of not learning. *International Journal of Psycho-Analysis*, 71(3): 385-392.

Rose, S. A., Blank, M. S. and Bridger, W. H. (1972) Intermodal and intramodal retention of visual and tactual information in young children. *Developmental Psychology*, 6: 482-486.

Rosenfeld, H. A. (1950) Notes on the psychopathology of confusional states in chronic schizophrenia. *International Journal of Psycho-Analysis*, 31: 132-137.

——(1971) A clinical approach to the psychoanalytic theory of the life and death instincts: an investigation into the aggressive aspects of narcissism. *International Journal of Psycho-Analysis*, 52: 169-178.

——(1981) On the psychology and treatment of psychotic patients. In J. Grotstein (ed.) *Do I Dare Disturb the Universe?* Beverly Hills: Caesura Press.

——(1987) *Impasse and Interpretation*. London: Tavistock.

Rutter, M. (1978) Diagnosis and definitions of childhood autism. *Journal of Autism and Developmental Disorders*, 8: 139-161.

——(1979) Autism: psychopathological mechanisms and therapeutic approaches. In M. Borner (ed.) *Cognitive Growth and Development*. New York: Brunner/Mazel.

——(1983) Cognitive deficits in the pathogenesis of autism. *Journal of Child Psychology and Psychiatry*, 24(4): 513-531.

——(1985)The treatment of autistic children. *Journal of Child Psychology and Psychiatry*, 26: 193-214.

Rutter, M. and Schopler, E. (eds) (1978) *Autism: a Reappraisal of Concepts and Treatment*. New York and London: Plenum Press.

Sartre, J.P. (1943) *Being and Nothingness*. (Trans.) H. E. Barnes (1957). London: Routledge & Kegan Paul.

Schultz, C. M. (1975) The meditations of Linus. *Peanuts Comic Strips*. London: Hodder & Stoughton.

Seguin, E. (1846) *Traitement moral des idiots*. Paris: Baillière.

Shapcote, E. (1927) Hymn 665. *The Church Hymnary*. Rev. edn. Oxford: OUP.

Sinason, V. (1986) Secondary mental handicap and its relationship to trauma. *Psychoanalytic Psychotherapy*, 2(2): 131-154.

——(1992) *Mental Handicap and the Human Condition*. London: Free Association Books.

Sohn, L. (1985a) Narcissistic organisation, projective identification and the formation of the identificate. *International Journal of Psycho-Analysis*, 66:201-213.

——(1985b) Anorexic and bulimic states of mind in the psycho-analytic treatment of anorexic/bulimic and psychotic patients. *Psychoanalytical Psychotherapy*, 1(2): 49-56.

Special Educational Need (1978). Report of the Committee of Enquiry into the Education of Handicapped Children and Young People. Chairman Mrs H. M.Warnock. London: HMSO.

Spensley, S. (1985a) Cognitive deficit, mindlessness and psychotic depression. *Journal of Child Psychotherapy*, 11(1): 35-50.

——(1985b) Mentally ill or mentally handicapped? A longitudinal study of severe learning difficulty. *Psychoanalytical Psychotherapy*, 1(3): 55-70.

——(1989) Psychodynamically oriented psychotherapy in autism. In C.Gilberg (ed.) *Diagnosis and Treaiment of Autism*. New York and London:Plenum Press.

——(1992) Seeing, believing, and concrete thinking: some commonalities in autism and obsessionality. Paper presented at Congrès Autisme Europe: The Hague.

Spillius, E. (1988) *Melanie Klein Today*, vol. 1, Introduction. London and New York: Routledge.

Spillius, E. and Feldman, M. (1989) *Psychic Equilibrium*. London and New York: Routledge.

Spitz, R. A. (1945) Hospitalism: an enquiry into the genesis of psychiatric conditions in early childhood. In O. Fenichel (ed.) *The Psychoanalytic Study of the Child*. Vol. 1: 53-74.

New York: International Universities Press.

——(1946) Anaclitic depression: an enquiry into the genesis of psychiatric conditions in early childhood. In O. Fenichel (ed.) *The Psychoanalytic Study of the Child*. Vol. 2: 313-342. New York: International Universities Press.

Steffenberg, S. and Gillberg, C. (1986) Autism and autistic-like conditions in Swedish rural and urban areas: a population study. *British Journal of Psychiatry*, 149: 81-87.

——(1990) The etiology of autism. In C. Gilberg (ed.) *Autism, Diagnosis and Treatment*. New York: Plenum Press.

Steiner, J. (1987) The interplay between pathological organisations and the paranoid-schizoid position. *International Journal of Psycho-Analysis*, 68:69-80.

——(1991) A psychotic organisation of the personality. *International*

Journal of Psycho-Analysis, 72(2): 201-207.

Stem, D. (1985) *The Interpersonal World of the Infant.* New Y ork: Basic Books.

Symington, N. (1981) The psychotherapy of a subnormal patient. *British Journal of Medical Psychology,* 5(4): 187-199.

The Education Act (Handicapped Children) (1970). London: HMSO.

Warnock Report (1978) Report of the Committee of Enquiry into the Education of Handicapped Children and Young People. London: HMSO.

Williams, D. (1992) *Nobody Nowhere.* London: Doubleday.

Wing, L. (1981) Language, social and cognitive impairments in autism and severe mental retardation. *Journal of Autism and Developmental Disorders,*11(1): 31-44.

——(1988) The continuum of autistic characteristics. In E. Schopler and G. B.Mesibov (eds) *Diagnosis and Assessment of Autism.* New York: Plenum Press.

Wing, L. and Gould, J. (1979) Severe impairments of social interaction and associated abnormalities in children: epidemiology and classification. *Journal of Autism and Childhood Schizophrenia,* 9: 11-29.

Winnicott, D. W. (1956) Primary maternal preoccupation. In *Through Paediatrics to Psychoanalysis.* London: Hogarth Press (1975).

——(1958) The capacity to be alone. In *The Maturational Processes and the Facilitating Environment.* London: Hogarth Press (1965).

—— (1960) Ego distortions in terms of true and false self. In *The Maturational Processes and the Facilitating Environment.* London: Hogarth Press (1965).

——(1971) *Playing and Reality.* London: Tavistock.

Wolff, S. and Barlow, A. (1979) Schizoid personality in childhood: a comparative study of schizoid, autistic and normal children. *Journal of Child Psychology and Psychiatry,* 20: 29-46.

索 引①

图书在版编目（CIP）数据

弗朗西斯·塔斯廷 /（英）希拉·斯彭斯利（Sheila Spensley）著；曾早垒，李贵川，魏冬梅译. -- 重庆：重庆大学出版社，2023.12

（鹿鸣心理. 西方心理学大师译丛）

书名原文: FRANCES TUSTIN

ISBN 978-7-5689-4195-2

Ⅰ. ①弗… Ⅱ. ①希… ②曾… ③李… ④魏… Ⅲ. ①孤独症－儿童心理学 Ⅳ. ①B844.1 ②G766

中国国家版本馆CIP数据核字（2023）第213804号

弗朗西斯·塔斯廷

FU LANG XI SI·TA SI TING

希拉·斯彭斯利（Sheila Spensley） 著

曾早垒 李贵川 魏冬梅 译

鹿鸣心理策划人：王 斌
策划编辑：敬 京
责任编辑：黄菊香
责任校对：谢 芳
责任印制：赵 晟

重庆大学出版社出版发行
出版人：陈晓阳
社址：（401331）重庆市沙坪坝区大学城西路21号
网址：http://www.cqup.com.cn
印刷：重庆升光电力印务有限公司

开本：720mm×1020mm 1/16 印张：15 字数：175千
2023年12月第1版 2023年12月第1次印刷
ISBN 978-7-5689-4195-2 定价：89.00元